인더스트리 5.0

인더스트리 5.0

— 지속성장하는 혁신적 미래산업의 이해

초판 1쇄 인쇄 2023년 11월 7일
초판 1쇄 발행 2023년 11월 28일

기획 이인식 **지은이** 이인식 외 10인 **펴낸이** 황윤억
편집 김순미 문현우 황인재 **디자인** 오필민 디자인
발행처 인문공간/(주)에이치링크 **등록** 2020년 4월 20일(제2020-000078호)
주소 서울 서초구 남부순환로 333길 36(해원빌딩 4층)
전화 마케팅 02)6120-0259 편집 02)6120-0258 **팩스** 02)6120-0257

• 값은 뒤표지에 있습니다. ISBN 979-11-984298-1-0 03530

• 열린 독자가 인문공간 책을 만듭니다.
• 독자 여러분의 의견에 언제나 귀를 열고 있습니다.

전자우편 gold4271@naver.com **영문명** HAA(Human After All)

인더스트리 5.0

지속성장하는 혁신적 미래산업의 이해

이인식 외 지음

인문공간

인더스트리 5.0의 대중적 이해 위한 개론서
인더스트리 4.0의 한계 보완한 새 경제 패러다임

이 책은 인더스트리 5.0의 대중적 이해를 돕기 위해 기획된 개론서이다.

인더스트리 5.0은 유럽연합이 인더스트리 4.0의 연장선상에서 그 한계를 보완하고 새로운 방향을 제시하는 경제 패러다임이다.

인더스트리 4.0은 2016년 1월 독일의 경제학자인 클라우스 슈바프가 세계경제포럼(다보스 포럼)에서 4차 산업혁명이라는 개념으로 제안하여 국제적 쟁점으로 부각되었다.

4차 산업혁명은 한국사회에 적용할 만한 개념인지 제대로 공론화 한 번 하지 않은 채 벼락처럼 국가적 명운이 걸린 지상목표가 되었다. 그러니까 한국은 첨단기술의 요람인 미국에서 통용되지 않는 개념을 전세계적으로 유일하게 국정목표로 채택한 나라가 된 것이다.

2017년 5월의 제19대 대통령 선거에서 4차 산업혁명은 모든 후보자들이 공약으로 내걸 정도로 한국사회의 복음이 되었다. 게다가 거의 날마다 4차 산업혁명 도서가 출간되어 모두 잘 팔릴 정도로 4차 산업혁명 광풍이 한국사회를 휩쓸었다.

이런 상황에서 2017년에 4차 산업혁명 열풍에 비판적인 도서가 3종 출간되었으나 별다른 주목을 받지는 못했다. 7월에 출간된 《4차 산업혁명은 없다》(이인식)는 "모두가 잠든 이른 새벽의 점령군처럼 눈 깜짝할 사이에 한국사회를 지배하기 시작한 4차 산업혁명"이라고 전제하고, 2016년 미국 백악관이 4차 산업혁명의 핵심기술인 인공지능에 관해 펴낸 보고서에 4차 산업혁명이 딱 한 번 언급되었을 따름이라고 지적했다. 9월에 나온 《4차 산업혁명이라는 거짓말 ?》(손화철 외)은 '인더스트리 4.0, 혁명인가 최면인가'를 논의한다. 12월에 출간된 《4차 산업혁명이라는 유령》(홍성욱 외)도 4차 산업혁명이라는 유령 혹은 신기루가 한국사회를 뒤덮고 있는 현상을 신랄하게 분석한다.

한편 유럽연합은 인더스트리 4.0이 유럽사회가 직면한 문제를 해결하는데 역부족이라는 결론에 도달한다. 2022년 1월에 펴낸 보고서에서 유럽연합은 크게 두 가지 측면에서 인더스트리 4.0의 한계를 지적한다.

첫째, 기술적 측면에서 인더스트리 4.0은 본질적으로 유럽사회에 맞지 않는 경제 패러다임이다. 슈바프는 4차 산업혁명의 핵심 기술로 △인공지능 △로봇공학 △만물인터넷 △자율차량 △

3차원 인쇄 △나노기술 △생명공학기술 △재료과학 △에너지 저장기술 △양자컴퓨터 등 10가지를 꼽았다. 이 중에서 절반에 해당하는 다섯 가지 기술이 디지털 기술로 분류된다. 디지털 기술에 기반한 경제는 "기술 독점과 막대한 부의 불평등을 초래하는 승자독식 모델"이므로 유럽사회의 문제 해결에 유효하지 않다는 것이다.

둘째, 환경 측면에서 인더스트리 4.0 패러다임은 기후 변화나 생물다양성 붕괴처럼 인류가 직면한 전지구적 문제에 대응할 수 없다. 슈바프는 4차 산업혁명을 제안하면서 청색행성 지구가 인류문명을 지탱할 능력을 상실하고 있음에도 기후 위기에 대한 대응책을 제시하지 않았다.

유럽연합은 인더스트리 4.0이 디지털 경제로 사회적 양극화와 갈등을 심화시키고, 지구위험한계선 아홉 가지가 모두 악화되는 상황에 대처할 수단이 없기 때문에 "인더스트리 4.0은 유럽의 2030년 목표 달성을 위한 올바른 틀이 아니다"는 결론을 내리고, 유럽의 경제, 삶의 질, 자연환경과의 관계를 근본적으로 개선하는, 이를테면 사람과 지구를 모두 살리는 대담한 청사진으로 인더스트리 5.0을 제안하게 된다.

인더스트리 5.0의 핵심 요소는 △인간중심(human-centric) △지속가능성(sustainable) △회복탄력성(resilient) 세 가지이다.

인간중심은 디지털 경제와 같은 승자 독식의 성장지향적 경제 대신에 사회적 포용의 중요성을 강조하는 개념이다. 사회적 포용은 가능한 한 인간의 능력을 대체하지 않고 보완하는 기술의 우선적 채택을 전제한다. 다시 말해 인더스트리 5.0의 1차적 목표는 사람의 역량과 기술의 능력을 결합하여 현장에서 노동자를 대체하는 대신에 노동자의 능력을 보조하는 노동환경을 조성하고, 노동자의 복지를 확대하여 사회적 불평등을 완화하는데 있다. 요컨대 인더스트리 5.0의 인간중심 관점은 노동자, 노인, 여성, 어린이, 장애인 등 사회적 약자를 보살피는 따뜻한 기술(friendly technology)과 일맥상통한다.

지속가능성은 기후 위기에 대한 종합 처방전이다. 오늘날 경제는 수취-제조-처분하는 방식, 곧 유용한 자료를 채취하여 제품을 만들고 그 쓰임새가 다하면 버리는 3단계 구조로 가동하는 선형경제이다. 선형경제에서는 자원이 순환하지 않고 모두 쓰레기로 폐기되므로 전지구적인 자원 낭비와 환경 파괴가 불가피하다. 인더스트리 5.0은 자연 생태계의 순환방식에서 영감을 얻는 순환경제로 지속가능하고 재생가능한 경제 활동이 이루어지길 기대한다. 지속가능성을 실현하는 기술로는 생물영감을 특별히 권유한다. 생물영감과 생물모방은 청색기술(blue technology)의 다른 이름이다. 자연을 스승으로 삼고 청색행성을 살리는 청색기술은 대표적인 기후기술이자 지속가능발전 기술이다.

회복탄력성은 코로나 19 팬데믹에 제대로 작동하지 못한 유럽의 경제체제 안에 회복력을 강화할 뿐만 아니라 미래의 잠재적인 충격에 대응하는 회복탄력성을 가진 새로운 경제 생태계로의 전환을 강조한다. 코로나 19 팬데믹은 백신 못지 않게 사회적 연대에 의해 극복되었다고 평가된다. 사회적 연대는 가령 ESG 경영이 성숙한 사회일수록 강력할 수밖에 없을 것이다.

이 책은 2부 12장으로 구성되었다.

제1부에는 유럽연합의 보고서 두 편이 실려 있다. 하나는 2022년 1월에 발간된 〈인더스트리 5.0-유럽의 혁신적 비전〉이다. 인더스트리 5.0의 기본 개념과 실현 방안을 소개하는 종합 보고서이다.

다른 하나는 2020년 9월에 발간된 〈인더스트리 5.0의 구현기술〉이다. 인더스트리 5.0의 여섯 가지 핵심기술 분야인 △개인 맞춤형 인간-기계 상호작용 △생물영감기술과 스마트 물질 △디지털트윈 △데이터 전송, 저장 및 분석기술 △인공지능 △에너지 기술이 소개된다. 이 여섯 범주의 기술이 4차 산업혁명의 10대 기술과 중복되는 분야가 많지 않다는 사실로부터 인더스트리 5.0이 인더스트리 4.0과 겹치는 대목이 별로 없음을 확인하게 된다.

이 여섯 분야에는 35개 정도의 기술이 언급되는데 이 중에서 10가지를 골라 제2부에 소개한다. 인더스트리 4.0에는 없거나, 한국에서 서둘러 개발해야 하거나, 미래의 핵심기술로 관심을 가져야 할 기술로 △인간-기계 상호작용 △메타버스 △코봇 △뇌-기계 인터페이스 △인공지능 △생물영감기술 △스마트 물질 △디지털트윈 △컴퓨터 보안 △에너지 기술을 선정했다. 인더스트리 5.0 보고서에는 이런 기술에 대한 상세한 해설이 없어 국내 전문

가들에게 집필을 의뢰했다. 뇌-기계 인터페이스의 경우 뇌과학
자들이 집필을 고사해서 기획자로서 의무적으로 집필한 원고임
을 밝혀둔다.

이 책을 펴내면서 가장 큰 고민은 인더스트리 5.0을 5차 산업
혁명으로 번역하는 문제였다. 《4차 산업혁명은 없다》를 펴낸 개
인적 소신과 별개로 전지구적으로 4차 산업혁명이 진행되지 않
는 상태라고 여겨지기 때문이다. 이를테면 미국, 영국, 일본, 중
국 모두 아직도 3차 산업혁명의 과정에 있다. 다만 인공지능이 몰
고 오는 사회적 변혁은 일찌감치 디지털 전환이라고 명명되고 있
다. 이런 맥락에서 인더스트리 5.0을 구태여 산업혁명의 범주에
포함시켜 5차 산업혁명으로 옮겨야 할지 뜻있는 독자 여러분의
활발한 논의가 진행되길 기대한다. 개인적으로는 산업 5.0이 무난
한 번역이라고 생각한다.

끝으로 좋은 책을 내기 위해 애를 많이 쓴 황윤억 인문공간 대
표에게 이 책이 행운을 안겨주길 바라는 마음 간절하다.

2023년 10월 3일
지식융합연구소에서
이인식

차례

2부 인더스트리 5.0의 10대 기술

1부

인더스트리 5.0 이란
무엇인가?

1

인더스트리 5.0 – 유럽의 혁신적 비전
지속 가능한 산업을 향한 체계적 변화

Industry 5.0, a transformative vision for Europe

* ESIR 정책 개요 3호

저자 **ESIR**

ESIR은 미래지향적이고 혁신적인 연구 및 혁신 정책을 개발하는 방법에 대해 위원회에 증거 기반 정책 자문을 제공하는 전문가 그룹이다. ESIR은 지속가능성 문제를 다양한 각도에서 다루며 각자의 네트워크를 활용하는 16명의 국제적 전문가로 구성되어 있다. 여기 소속된 전문가들은 학계, 기업, 싱크탱크, 공공 및 민간 부문 등 다양한 배경을 가지고 있으며, 에너지, 평등, AI 및 디지털화, 혁신 생태계, 경제, 청소년, 건강 및 지속가능성 등 광범위한 전문 분야에서 활동한다. 이 그룹은 특히 연구 결과물 생성을 포함한 다양한 활동에서 공동창조를 강조한다.

역자 **정서현**

카이스트 디지털인문사회과학부 조교수. 서울대학교 영어영문학과 학부 및 석사 졸업 후 미국 Tufts University에서 18~19세기 영국 소설이 포착하는 친밀함의 구조와 영국 제국의 정치경제사적 맥락의 교차에 관한 연구로 영문학 박사학위를 받았다. 사회적 재생산과 문학, 인문학 관점에서 보는 인구 관념 등에 주목하는 연구를 수행해왔고, 최근 과학기술과 서사예술의 관계 및 디지털인문학으로 관심사를 넓히며 인문정보 큐레이션 관련 프로젝트도 진행 중이다. 학술서 *Edges of Transatlantic Commerce in the Long Eighteenth Century*(Routledge 2021)의 기획 및 편집을 맡았으며 *Victorian Literature and Culture, Journal for Eighteenth-Century Studies* 등에 논문을 출판했다.

1
유럽은 더 나은 미래를 만들어야 한다

유럽은 지난 세기 가장 치명적인 전염병의 대유행 이후 인류가 직면한 가장 큰 과제인 기후 변화와 생물 다양성 붕괴를 해결하고 더 나은 미래를 구축하기 위해 보호, 준비, 혁신이라는 세 가지 필수 과제에 직면해 있다.[•] 엄청난 도전 과제는 바로 다음과 같다: 어떻게 하면 80억 인구가 지구라는 행성의 한계 내에서 지속 가능하며 평화롭게 살 수 있을 만큼 인류의 삶을 빠르게 변화시킬 수 있는가?

유럽이 혼자서 이 도전에 맞설 수는 없지만, 우리는 유럽이 현재와 향후 수십 년 동안 필연적으로 요구될 심도 있고 체계적인

● "유럽을 보호하고, 준비하고, 혁신하라" https://op.europa.eu/en/publication-detail/-/publication/9167a698-180e-11eb-b57e-01aa75ed71a1/language-en/format-PDF/source-172017596

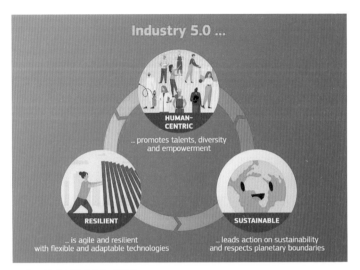

그림 1 **인더스트리 5.0 개념도**

변화의 과정에서 글로벌 커뮤니티를 이끌 수 있다고 믿는다. 우리는 유럽이 내부 결속과 역량을 강화해 한목소리를 내야만 이러한 리더십을 발휘할 수 있으며, 인더스트리 5.0 프로그램을 수용함으로써 GDP가 결정하는 성장을 넘어 국제적인 차원에서 경제의 근본적인 변화를 촉진할 수 있다고 생각한다.

기존 경제 구조 내 회복력을 강화하고 미래의 충격과 스트레스에 대응할 회복탄력성을 가진 새로운 경제 생태계로 전환하는 것이 앞으로 유럽의 사명이 되어야 한다. 유럽의 산업 발전이 회복탄력성을 지향하는 동시에 모두를 위한 지속 가능한 웰빙 시대로의 전환을 가능하게 하고 가속화하는 것은 EU 산업 전략의 미래를 위한 필수적인 단계이다. 인더스트리 5.0의 구성 요소에 초점을 맞춘 EU 차원의 산업 전략은 유럽의 산업 잠재력을 끌어내고 현재의 성장 패러다임에 의해 결정되는 단기 과잉 생산 및 소비 모델 대신 탄력적이고 지속 가능하며 재생 가능한 순환 경제 사업 행위에 보상을 제공할 것이다.

유럽은 더 나은 방향으로 나아가야 한다

유럽의 경제와 사회를 보호하고 준비하기 위해 현상 유지를 재구성하려는 노력은 중장기적 번영을 보장하기 위해서는 여러 가지 이유로 잘못된 대응이다. 첫째, 현상 유지로 돌아가려는 것은 전염병의 대유행 이전에 이미 상당한 결함을 보였고, 경제의 중요한 차원(자연 시스템 등)에 실질적으로 부정적인 영향을 미쳤으며, 코로나19의 극적인 영향에 부분적으로 책임이 있을 수 있는 경제, 사회 및 환경 정책의 패러다임을 수용하는 것을 의미한다. 둘째, 코로나19 위기는 가치를 추출하는, 극도로 에너지 집약적인, 그리고 막대한 낭비와 오염을 유발하는 물질과 자원 사용, 그리고 자본주의에 대한 매우 단기적인 접근 방식에 기반한 성장 지향적 패러다임에 의존하며 이를 자극하는 것이 지구라는 행성의 경계를 존중하는 방식으로 세계가 지속 가능한 발전을 달성하는 데 도움이 되지 않는다는 점을 분명히 보여주었다. 오히려 가치를 추출하는 현재의 경제, 사회 및 산업 활동 패러다임은 지구 온난화와 인간의 복지와 수백만 종의 다른 생명체가 의존하는 자연 환경, 자원 및 구조 파괴의 근본 원인이다.

  따라서 유럽의 세 번째 과제는 경제, 삶의 방식, 환경과의 관계를 근본적으로 혁신하는 것이다. 유럽이 중장기적으로 번영의 길을 만들어가려면 정부, 경제, 사회의 모든 수준에서 변화가 시급하고 필요할 것이다. 산업계는 특히 책임이 있다. 예를 들어, 유럽위원회의 모델에 따르면 기후법의 목표를 달성하기 위해 향후 9년 동안 산업계는 온실가스 배출량을 18.2~25.1% 감축해야 할 것으로 예상된다.[*] 혁신은 무엇보다도 모든 정책 그리고 호라이즌 유럽에서 회복력 및 회복을 위한 국가 계획에 이르기까지 이러한 정책을 실행하는 데 있어 회복탄력성, 지속가능성, 재생 및 순환 경제 원칙이 주류를 이루도록 하는 것을 의미한다.

지난 몇 달은 이 측면에 있어 혼선을 보였다: 트윈 트랜지션에 대한 약속이 울려 퍼지는 한편 EU 차원에서 사람, 지구, 번영에 초점을 맞추겠다는 야심은 상당한 저항에 부딪혔고, 이는 지속 가능한 투자에 대한 분류체계와 규제 개선 의제를 포스트 GDP 패러다임으로 완전히 재조정하는 등의 주요 영역에서 실망스러운 결과들로 이어졌다. 그리고 현재 공개된 국가적 복원력 및 회복 계획에 대한 1차 분석에 따르면 회원국들은 변화를 위한 전제조건을 마련하기보다는 현재의 경제 및 사회 활동을 "보호"하고 기득권을 지키기 위한 조치에 우선순위를 두어 전염병 대유행의 단기적 영향을 완화하는 데 주력하고 있는 것으로 나타났다.[**]

---

[*] 다음 주소의 52면 참조: https://eur-lex.europa.eu/resource.html?Uri=cellar: 749e04bb-f8c5-11ea-991b-01aa75ed71a1.0001.02/DOC_1&format=PDF

[**] De Vet et al.(2021)은 "대부분의 조치가 미리 정해진 지향점이 없는 수평적 지원 수단으로 구성되어 있다"고 말한다. 그들은 또한 트윈 트랜지션, 회복탄력성, 국가별 권고사항과의 일관성 등 각국 정부에 주어진 목표의 다양성으로 인해 발생할 수 있는 혼란, 특히 국가 계획을 포용적이고 복원력 있으며 공정하고 지속 가능한 산업 가치 사슬을 선제적으로 형성해야 할 필요성과 조화시킬 필요가 있는 부분에 대한 메타 수준의 조정 부족을 언급한다(이에 대해서는 아래 전용 장 참조).

산업은 유럽의 체계적 변화의 엔진이 되어야 한다

모든 정부와 시민사회의 구성원들이 변화를 주도해야 하는 이러한 상황에서 산업의 역할은 핵심적이다. 근본적인 산업 혁신 없이는 유럽이 국제적 수준에서 경쟁력을 보존하고 육성하면서 보다 탄력적이고 지속 가능하며 순환적이고 재생 가능한 경제가 되려는 야망을 실현하는 것은 불가능할 것이다.

　이 정책 개요에서 우리는 현재 EU의 업데이트된 산업 전략에서 제안하는 것보다 훨씬 더 야심차고 체계적인 새로운 비전이 유럽 산업에 필요하다고 주장한다. 우리는 선도적인 기업 및 산업 주체들의 참여, 그리고 보다 지속 가능하고 순환적인 경제를 위한 확장된 해결책을 제공하는 산업 혁신에 대한 지원이 "경쟁력 있는 지속가능성"이라는 EU의 비전에 필수적이라 주장한다. 산업계는 체계적인 변화와 지구 재생의 원동력인 주인공이 되어야 한다. 이를 위해서는 사업 모델의 근본적인 혁신과 정책, 금융 투자 및 기업 지배구조에 대한 사고방식과 경제적 접근 방식의 변화가 필요하다. 보다 구체적으로는 새로운 기술 가능성, 지속가능성, 순환 경제 설계 원칙의 적용, 재생 접근법을 포용하기 위한 가치 사슬의 근본적인 재설계가 수반된다. 가치 사슬의 재설계는 사회적 및 지구적 웰빙을 가져올 뿐만 아니라 이러한 비전을 향한 진보를 측정할 수 있는 지표와 표식의 채택, 그리고 규정 준수, 채택 및 모범 사례를 효과적으로 인도하는 규제 시스템을 제공할 것이다.

우리는 산업이 설계와 행동 모두에서 재생적이고 회복적이며 과거에 사용된 자원을 "환원"하고, 자연 세계와 상호 의존하며, 변화에 적응하고, 사회 정의에 대한 핵심 책임을 기반으로 해야 한다고 믿는다. 따라서 우리는 인더스트리 4.0을 대체할 새롭고 대담한 인더스트리 5.0 비전을 제안하며, 사람, 지구, 그리고 번영의 균형을 효과적으로 맞추는 새로운 형태의 경제적, 사회적 가치를 제공하는 규모 혁신을 추진하는 데 필요한 방향성을 제시한다. 또한 이러한 변혁은 국가 및 지방 정부부터 EU에 이르기까지 모든 수준의 정부에서 수용해야만 달성할 수 있으며, 국제 무대에서 주요 정책을 조율하는 데 홍보되고 사용되어야 한다고 믿는다. 아래에서 우리는 의미 있는 체계적 변화를 이끌어 낼 수 있는 주요 요소와 정부의 모든 층위에서의 진전을 측정하는 방법과 관련해 이와 같은 비전을 명확히 밝힌다.

인더스트리 4.0
– 유럽의 2030년 목표 달성을 위한 올바른 틀이 아니다

지난 10년 동안 유럽은 주로 인더스트리 4.0, 즉 본질적으로 기술적이고, 사이버-물리적 사물의 출현을 중심으로 디지털 연결과 인공 지능을 통한 효율성 향상을 약속하는 패러다임으로의 전환을 위해 노력함으로써 산업 혁신에 대한 의지를 점차 강화해 왔다. 그러나 현재 구상한 대로의 인더스트리 4.0 패러다임은 기후 위기와 전 지구적 비상사태의 맥락에서 목적에 적합하지 않으며, 심각한 사회적 긴장에 대응하지도 못한다. 반대로 이 패러다임은 현재 우리가 직면한 위협의 근본 원인인 사업 모델 및 경제적 사고의 최적화와 구조적으로 합치된다. 현재의 디지털 경제는 기술 독점과 막대한 부의 불평등을 초래하는 승자독식 모델이다.

인더스트리 4.0은 체계적인 혁신을 가능하게 하고 자원과 자재 사용을 부정적인 환경, 기후, 사회적 영향으로부터 분리하는 데 필수적인 핵심 설계 및 실행의 차원을 결여하고 있다. 이러한 차원은 다음을 포함한다:

- 순환 경제와 긍정적인 회복적 피드백의 연쇄를 사후 고려 사항이 아닌 전체 가치 사슬 설계의 핵심 축으로 수용하기 위한 산업 혁신의 재생적 특징 차원
- 근로자의 복지, 사회적 포용의 필요성 및 가능한 한 인간의 능력을 대체하지 않고 보완하는 기술의 채택을 요구하는 근본적으로 사회적인 차원
- 화석 연료 사용을 철폐하고, 에너지 효율을 높이고, 자연 기반 해결책을 활용하고, 탄소 흡수원을 재생하고, 생물 다양성을 회복하고, 자연 시스템과의 상호 의존성을 존중하는 새로운 번영 방식을 만들어내는 변화를 촉진하는, 의무적이고 환경친화적인 차원

그린딜의 초석인 친환경 및 사회적 산업 전략이 없다면 EU는

한 세대 내에 완전히 새로운 경제 패러다임(최신 과학적 증거에 따르면 2050년 또는 2030년까지 기후 중립이 되는 것)을 향한 여정에 성공할 수 없을 것이다. 그린딜은 집행위원회의 현 임기뿐만 아니라 그 이후에도 산업 정책 결정을 정의하고 구체화할 것이며, 이는 지극히 정의로운 전환 정책이 마련될 때만 가능하다. 2050년까지 EU를 기후 중립으로 이끌기 위해 1조 유로를 투자하는 10개년 계획은 사실상 전 세계적으로 EU의 입지를 강화해 EU의 경제 발전을 위한 더 나은 전략이 될 수 있다. 하지만 이는 디지털 및 저탄소 경제에 대비하고 산업이 탈탄소화하면서 경쟁력을 유지하고 공정성을 유지할 수 있도록 하는 장기적인 산업 전략으로 보완되어야 한다. 그리고 이 전략은 탄소 배출 제로 경제, 포용적 성장, 건강, 사회 및 지역 통합, 지속 가능한 이동성, 환경 재생과 같은 큰 사회적 과제를 향해 산업을 이끌어야 한다.

2
산업의 새로운 비전: 인더스트리 5.0을 향하여

우리가 제안하는 "인더스트리 5.0"의 비전은 기존의 채취, 생산, 소비 중심 경제 모델에서 그랬듯 기술 또는 경제적 성장에 초점을 맞추는 협소하고 전통적인 관점을 넘어 소비를 줄이고 새로운 형태의 지속 가능하고 순환적이며 재생 가능한 경제적 가치 창출과 공평한 번영에 기반한 인간의 진보와 복지에 초점을 맞춘 보다 혁신적인 성장관으로 나아가는 것이다. 인더스트리 5.0은 기술적 도약을 의미하기보다는 인더스트리 4.0식 접근법을 더 넓은 맥락 안에 위치시킴으로써 단순히 주주에게 이익을 주기 위한 가치 추출 대신 인류-지구-번영을 위한 산업 생산의 기술적 전환에 재생적 목적과 방향성을 제공한다.

　인더스트리 5.0 접근 방식은 EU 산업 전략 전반에 매우 중요하다. 그것은 산업 성과에 대한 새로운 경제적 지향, 사업 모델, 가치 사슬 및 공급망에 대한 새로운 설계, 디지털 혁신에 대한 새로운 목적성, 기업 및 산업계와의 파트너십을 통한 정책 결정에 대한 새로운 접근 방식, 연구 및 혁신에 대한 새로운 역량과 접근 방식, 정부의 모든 층위 및 국제 표준을 통한 수직적이고 수평적인 일관성을 필요로 한다. 이 보고서는 코로나19 전염병 대유행을 통해 얻은 최근의 지식과 교훈, 그리고 가치 사슬 전반에 걸쳐 회복력을 구축하고 전 지구적 경계 내에서 사람들의 삶과 생계를 보호해야 하는 근본적인 필요성을 다룬다. 이것은 디지털 전환을 지속 가능성 및 기후 행동과 연결하려는 유럽의 이른바 "트윈 트랜지션"에 대한 이색적인 접근 방식을 제안한다. 다음의 표에서 자세히 살펴보자.

　본질적으로 인더스트리 5.0은 코로나19 이후 우리의 사고의 진화를 반영하는 혁신적 모델이다. 이는 전염병의 대유행에서 얻은 교훈과 미래의 충격과 스트레스에 대해 본질적으로 더 탄력적이며 유럽 그린딜의 사회적이고 환경적인 원칙을 진정으로 통합하는 산업 시스템을 설계해야 할 필요성을 적극적으로 고려한다.

표 1 **인더스트리 4.0과 인더스트리 5.0의 차이점**

인더스트리 4.0	인더스트리 5.0
– 디지털 연결과 인공 지능을 통한 효율성 향상 중심 – 기술: 사이버-물리적 사물의 출현 중심 – 기존 자본 시장 역학 및 경제 모델 내에서 사업 모델 최적화와 연계—예를 들어 궁극적으로 비용 최소화 및 주주 이익 극대화를 목표로 함 – 부정적인 환경, 기후 및 사회적 영향으로부터 자원 및 자재 사용을 분리하고 체계적 혁신을 위해 필수적인 설계 및 수행 차원에 초점을 두지 않음	– 산업을 위해 경쟁력과 지속가능성을 결합한 틀을 보장하여 산업이 변화의 한 축으로서 잠재력을 실현할 수 있도록 지원 – 지속 가능성과 회복탄력성을 위한 대안적 (기술) 거버넌스 기조의 영향력 강조 – 디지털 기기 사용을 통해 근로자의 권한을 강화하고 기술에 대한 인간 중심적 접근 방식을 지지 – 환경적으로 지속 가능한 기술 사용을 위한 전환 경로 구축 – 기업의 책임 범위를 전체 가치 사슬로 확대 – 각 산업 생태계별로 웰빙, 회복탄력성 및 전반적인 지속가능성을 향한 진전 상황을 보여주는 지표 도입

가치 사슬/생태계 차원의 책임

인더스트리 5.0은 무엇보다도 이윤을 위한 생산과 "주주 우선주의"에 초점을 맞춘 신자유주의 자본주의 모델에서 벗어나 시간의 흐름에 따른 가치에 대한 보다 균형 잡힌 시각과 자본에 대한 다원적 이해(금융뿐만 아니라 인적, 자연적 자본)를 향한 결정적인 전환을 의미한다. 이러한 변화는 공급망을 제대로 관리하는 것을 훨씬 넘어서서 회복탄력성 구축을 통해 위험 제거를 이해하는 것을 내포한다. 가치 사슬 전반에 걸쳐 회복탄력성을 구축하려면 단기적 이익 추구보다는 단기적 수단과 장기적 계획에 초점을 맞춘 인류-지구-번영 접근 방식이 요구된다. 코로나19를 통해 얻은 주요 교훈은 위기 상황에서 제품과 서비스를 제공하기 위해 가치 사슬 전반에 걸쳐 회복탄력성을 구축하는 것이 중요하다는 것이다. 스트레스 테스트와 환경 사회 거버넌스(ESG) 기준을 적용한 기업들은 최근 팬데믹 기간 동안 이미 더 큰 회복력을 보여줬으며, 이는 ESG가 리스크 관리에서 수행할 수 있는 잠재적 역할을 강조한다.

밀턴 프리드먼 시대부터 시카고 경제학파가 중요하게 여겼던 주주 수익률에 대한 강조는 오늘날 전 세계적으로, 심지어 시장과 시장의 기대를 지배해온 미국에서조차 의문의 대상이 되고 있다. 점점 인기를 얻고 있는 "이해관계자 자본주의"라는 개념은 기업을 대표하는 모든 이해관계자를 위한 기업의 책임을 인정하기는 하지만 인더스트리 5.0으로의 완전한 전환을 가능하게 하기에는 불충분하다.

새로운 유럽 기업 모델은 공정성, 회복탄력성, 지속가능성, 순환 경제, 다가치 자본의 원칙, 즉 새로운 경제 사고와 재생 경제의 원칙에 기반해야 한다.[*] 이러한 접근 방식이 성공하려면 금융 시장과 공공 조달에서 기업 내외부, 현재와 미래의 모든 관련 이해관계가 사업 행위와 금융 자본 흐름을 통해 적절히 추구되도록 하는 모델로 인정받고, 장려되고, 보상을 받아야 한다. 그래야만 산업이 "트윈 트랜지션"의 진정한 엔진이 될 수 있다. 인더스

• 벤 해거드(Ben Haggard), 재생 경제학; 군터 파울리(Gunter Pauli)와 폴리테크니코 디 토리노 (Politechnico di Torino) - 3D 사업 모델.

트리 5.0은 산업 혁신과 자연 및 인적 자본 흐름을 포함한 자본의 재평가 사이에 적절한 피드백 순환을 보장하는 포스트 자본주의 세계를 모델링하고 실현해야 한다.

기후 변화의 시작과 대대적인 탈탄소화의 필요성은 산업계가 생존과 경제 회복탄력성을 위해 핵심 사업 모델을 혁신해야 할 당위성을 구성한다. 회복탄력성, 자원의 재생 및 재생, 순환 경제를 위한 설계 원칙(예를 들어 이중화, 분산화, 모듈식 생산 및 유통, 가능한 한 오랫동안 지속되는 자재 순환)에서 국제적 경쟁자들보다 우위를 점해야만 유럽 산업은 기후 변화, 기후 행동(전환 리스크), 환경 파괴, 사회 및 정치적 불안정성의 전략적 위험을 관리하는 데 있어 선발 주자의 이점을 누릴 수 있을 것이다. 사업 모델을 혁신하고 갱신하기 위한 신중하고 대담한 조치는 또한 무엇이 가능한지를 보여줌으로써 사회적 티핑 포인트와 함께 기후 티핑 포인트에 대해 유럽이 더 주요한 국제적 리더십을 발휘할 수 있게 해줄 것이며, EU 기업들에게 공평한 경쟁의 장을 유지하는 데 중요한 탄소 국경 조정 메커니즘을 채택하려는 유럽의 노력에 대한 신뢰성을 높여줄 것이다.

설계는 재생적이고 순환적인 경제

재생적이고 순환적인 경제 접근 방식은 시스템 해결책을 위한 틀을 제공하며, 무엇보다도 지속 가능한 핵심 사업 활동과 산업 모델을 가능하게 하는 체계적인 혁신을 제공한다. 이는 인더스트리 5.0 접근 방식의 핵심이며, 각각 설계에 중점을 둔 세 가지 주요 시스템 원칙을 하나로 모은다.

세 가지 원칙은 다음과 같이 요약될 수 있다:

- 낭비와 오염을 설계한다
- 제품과 자재를 생산적으로 사용하고 순환시킨다
- 자연 시스템을 재생하고 탄소 흡수원을 강화한다

재생 가능하고 순환적인 경제는 재생 에너지와 순환 가치 사슬의 강화된 사용을 기반으로 산업에 보다 분산되고 다양하며 포용적인 모델을 제공한다. 인더스트리 5.0은 산업친화적이며, 부문 간 교차적이고, 재생적이고 순환적인 경제 경로로의 전환을 돕는 명확한 목적성을 부여받아야 한다. 이는 디지털 기반의 채굴 및 소비적 경제 활동을 장려함으로써 기후에 대한 부정적인 영향과 생태계 손실을 가속화할 뿐인 인더스트리 4.0 패러다임에서 과감히 벗어나는 것을 의미한다.

순환 경제 사고의 진화

순환 경제의 개념은 지난 20년 동안 전 세계적으로 주목받으며 상당한 진화를 거듭해 왔으며, 계속해서 다양한 정의와 논쟁을 일으키고 있다. 인더스트리 5.0에서 제안하는 것과 같이 경제적 사고, 사업 모델, 산업 및 무역 설계의 구조적 변화를 지원하고 선도하는 틀로서 순환 경제가 효과적이려면 재생 경제 모델이자 자연을 보호하고 재생하는 시스템 해결책 개발을 위한 틀로 적용되어야 할 뿐만 아니라 많은 국제적인 과제에 이익을 가져다줄 수 있어야 한다.

이 목표를 위해 순환 경제라는 틀은 세 가지 원칙에 주목한다: 폐기물과 오염의 제거, 가능한 한 오랫동안 경제에서 생산적으로 사용되도록 하기 위해 제품 및 재료를 순환시키는 것, 그리고 셋째, 자연과 자연 자본을 재생하기 위한 제품 및 서비스 체계의 설계. 순환 경제는 체계들과 사업 생태계 관점에서 경제 활동을 고려하는 모델로 사용되어야 하며, 재생 에너지와 재료의 사용 증가를 기반으로 하고, 본질적으로 더 분산되고 다양하며 포용적이고 회복탄력성이 있다. 순환 경제는 해결책을 제공하는 틀로서 제품 및 제품 서비스, 시스템 설계부터 사업 생태계, 가치 사슬, 공급망 설정 및 관계 전환에 이르기까지 다양한 차원에서 해결책 개발을 선도하는 데 적용 및 사용될 수 있다. 그렇기에 순환 경제는 유럽 위원회의 그린딜을 이행하고 인더스트리 5.0 접근 방식의 핵심이 되는 강력한 틀을 제공한다.

인더스트리 5.0의 잠재력을 최대한 활용하기 위해 필요한 변화의 본질은 체계와 관련되어 있다. 즉, 제품/서비스/체계의 설계, 비용 최적화 또는 선형성에 대한 단일 초점을 넘어서는 공급망 재구성에 대한 사업 차원의 전환이 필요하며, 설계 단계에서부터 보다 회복적이고 재생 가능한 사업 모델과 체계를 지향해야 한다. 이러한 변화는 에너지, 자재 및 자연 생태계를 복원, 재생 및 활성화하는 과정 중심의 전체 체계에 대한 접근 방식을 채택함으로써 달성할 수 있다. 과정 중심의 전체 체계에 대한 접근 방식은 기술적/비생물학적 소재를 기반으로 한 제품에 대한 공유, 재사용, 수리, 재제조, 재판매 및 재활용을 강화하는 경제 모델을 요구한다. 동시에 생물학적으로 더욱 다양한 공급원으로부터의 재료 및 재생 농업 관행을 사용하여 재배한 재료의 활용 방안을 설계하고, 섬유 작물이나 임업과 같이 생물학적 원천을 가진 소재를 재생적으로 생산하는 접근 방식을 사용할 필요가 있다. 또한 순환 경제의 근간이 되는 원칙들은 보다 현지화된 원료 공급과 새로운 제조 및 디지털 역량을 활용하는 사업 운영 모델을 촉진한다.

중요한 것은 기업들이 순환 경제 해결책을 동원하고 혁신하기 위해 함께 행동함으로써 많은 것을 이룰 수 있다는 사실이다. 예를 들어, 현재 많은 기업이 새로운 제품 서비스 해결책에 적극적으로 투자하고 있으며, 이 중 상당수는 재료 선택, 소싱, 공급망 관행 및 관계, 제품 포장, 유통, 서비스 모델, 디지털 채널 및 물류 관계, 마케팅 및 커뮤니케이션에 대한 재고 등 디자인을 중심으로 한 접근 방식의 근본적인 변화를 나타낸다.

체계적인 인더스트리 5.0 접근 방식은 또한 재생 순환 경제 원칙에 따른 사업 혁신과 변화를 지원함으로써 모든 기업이 선형적이고 추출적이며 낭비하고 오염을 유발하는 관행에서 벗어나도록 장려하기 위해 정책을 재조정할 필요를 동반한다. 현재의 정책과 부문의 격리를 허물고 변화를 가로막는 불필요한 규제를 제거해야 한다. 이러한 정책 방향의 전환은 전반적으로 이루어져야 하지만, 현재 각 부문별로 존재하는 특정 요구와 혁신의 장벽을 고려하여 다양한 규모와 부문별 수준에 알맞게도 일어나야 한다.

순환적이고 재생적인 사업 모델에 내재된 경제적 기회를 고려해 새로운 가치사슬 모델을 재설계하고 개발하는 기업의 사례는 많다. 이러한 사례는 탄소를 더 적게 발생시키고 변화하는 국제 무역 환경에 대응하는 새로운 디지털 도구의 결과로 가능한 새롭고 민첩한 고객 참여, 판매, 임대 모델, 생산 및 재고 관리 방법을 포함한다. 이처럼 새로운 사업 모델을 촉진하고 최적화하며 활성화하기 위한 정책 조정 방안, 그리고 선두 주자를 지원하고 후발 주자가 선도적인 관행을 따르도록 장려하기 위한 인센티브가 마련되어야 한다.

자생적이고 적응력이 높으며 보다 취약성이 낮은

코로나19 위기는 이전의 대부분의 위기와 마찬가지로 복잡한 체계라는 맥락 안에서 우리가 무엇인가를 예측할 수 있는 능력의 한계를 드러냈다. 세계화된 경제와 상호 연결된 사회의 불가분한 관계망은 전염병 대유행의 사회경제적 결과를 관리하는 일을 험난한 책무로 만들었다. 가장 중요하게 우리는 우리가 코로나19 팬데믹처럼 대체로 예측 가능한(그리고 실제로 예측되었던) 비상사태에 직면하도록 계획되지 않은 경제에 살고 있다는 사실을 깨달았다. 대비를 강화하고 체계적인 변화의 여정을 시작해야 한다는 임무는 자명하다. 우리는 예기치 못한 도전과 점점 더 큰 혼란에도 계속 작동하는 사업과 산업을 구축해야 하고, 지구의 경계 안에 머물면서 아무도 낙오되지 않고, 더 나아가 웰빙과 전 지구적인 재생에 적극적으로 기여하는 견고한 산업 시스템을 구축해야 한다. 특히, 새로운 산업 시스템은 재택근무와 온라인 근무라는 제약이 주어지면 모두 쓸모 없어지는 대부분의 물질적 재화를 소유하는 것보다 위기에 직면했을 때 생존과 필수 재화 및 서비스에 대한 접근이 더 중요하다는 코로나19 이후 발생한 인간 의식의 변화를 반영해야 한다.

유럽의 전략적 원자재와 에너지의 수입 의존도를 줄임으로써 재생적이고 순환적인 사고와 디자인에 기반한 근본적으로 혁신되었으며 자원 효율적인 인더스트리 5.0은 새로운 형태의 경제적 가치와 번영을 제공하고 유럽의 경쟁력을 강화하며 코로나19 위기가 강조한 전략적 독립성을 보장할 수 있다. 최근 연구에서 입증된 바와 같이, 국제적 물질 예산은 고도로 산업화된 국가와 신흥국의 경쟁적인 물질 수요를 감당하기에 충분하지 않을 것이다. 탈탄소화 덕분에 EU의 에너지 수입 의존도는 2050년까지 54%에서 20%로 크게 감소할 것이다. 글로벌 가치사슬(GVC)이 기반을 두고 있는 최적화 패러다임은 단기적으로는 효율적이지만 복잡한 상호의존성을 통해 미래 세대에 대한 위험을 숨기고 있으며, 종종 기업의 책임을 계약 조항과 의심스러운 민간 인증 제도로 희석시킨다. 코로나19는 공급원의 다각화 부족으로 인해 이러한 취약성 중 일부를 드러냈다. 최근의 가스나 초소형 칩 위기는 새로운 인프라와 자립에 투자하기보다는 산업 및 자원 의존도를 높이는 우리의 경향성을 보여주는 또 다른 예이다. 공급망의 중복은 효율적이지 않아 보일 수 있지만 장기적인 회복탄력성의 초석이다. 우리는 효율성 지표에만 초점을 맞추는 것에서 벗어나 가능한 한 보다 총체적인 접근 방식, 중복성, 그리고 자율권을 수용하여 현지 소비를 위한 현지 생산 생태계를 강화해야 한다.

회복탄력성과 지속가능성을 달성하기 위한 탈중앙화

탈중앙화는 디지털뿐만 아니라 모든 산업 부문에서 핵심적인 단계다. 현재 식량 시스템의 세계화와 중앙 집중화로 인해 많은 지역들이 갑작스러운 식량 부족을, 더 나아가 연결이 심각하게 방해받을 경우 기근까지 겪을 수 있다. 우리는 시급히 모든 EU 지역의 식량 생산과 식량 소비 사이의 격차를 파악하고 줄여야 한다. 이를 위해서는 공동농업정책과 같은 EU 정책들을 회복탄력성과 재생이라는 원칙에 초점을 맞춰 재설계해야 한다. 현재는 CAP 기금의 80%가 대기업에 지원되고 있으며, 이 기금이 지역 경제에 미치는 영향은 가늠하기 어렵다.

더 다양하고 재생 가능한 종자와 농산물을 사용하는 식량 재배, 제품 및 서비스의 설계를 촉진하고 농촌 지역 사회에서 지역 소비를 위해 지역 생산을 강화하는 재생 가능한 농장 간 시스템을 지원하도록 농업 정책을 전환하는 것은 EU 전역과 농촌 및 도시 지역 사회 사이에 더 탄력적인 식량 통로를 만들어낼 것이다. 이러한 접근 방식은 보다 최적화되고 순환적인 식품 사슬을 촉진할 뿐만 아니라 소규모 소작농과 농촌 공동체를 우리 경제의 필수 기능을 하는 유럽 사회의 구조 안으로 다시 데려옴으로써 그들에게 힘을 실어줄 것이다.

탈중앙화는 물리적 세계뿐만 아니라 디지털 세계에서도 핵심 원칙이 되어야 한다. 웹 2.0이 기술 플랫폼에게 콘텐츠 제작자와 사용자의 데이터에서 창출되는 가치를 포착할 수 있는 기회를 제공했다면, 웹 3.0은 탈중앙화와 사용자 주권에 기반한 새로운 인터넷을 구축해 일의 진화와 노동의 변화를 반영하고 가능하게 할 것이다.

목적이 있는 디지털화
– 지구라는 행성의 경계 안에서 살아가기 위해

디지털 기술은 사람들의 삶에 시민으로든 직원로든 점점 더 중심적인 부분이 되고 있다. 디지털 기술은 또한 유럽 제조업의 비교 우위를 크게 개선하여 산업 일자리를 보호하거나 해외로 이전할 수 있도록 할 잠재력을 가지고 있다. 유럽의 산업은 디지털화되지 않으면 존재하지 않게 될 것이다.

하지만 지난 10년 동안 경제력의 지속적인 집중, 소수의 (비유럽) 기술 기업에 대한 가치(및 데이터)의 축적, 온라인 사업 모델의 주류 전환과 급속한 성장은 경제적, 사회적, 환경적 지속 가능성 측면에서 전례 없는 우려로 점차 이어졌다. 디지털 사업 모델의 중앙 집중화와 플랫폼화는 많은 실물 경제 기업을 종속적인 상황으로, 많은 근로자를 불안정한 상황으로, 많은 시민을 사적 또는 공적 감시의 상황으로 이끌었다. 또한 인터넷은 2040년까지 전 세계 화석연료 배출량의 14%를 차지할 것으로 예상되는 세계 최대의 화석연료 구동 기계가 되었다. 더 나아가 데이터 수익화에 기반한 디지털 플랫폼과 광고 수익에 기반한 비즈니스 모델은 기하급수적인 소비와 즉각성에 대한 수요를 촉진하고 있으며, 그 결과 배출량과 개인의 탄소 발자국에 재앙이 되는 방대하고 낭비적인 글로벌 무역 및 물류 산업은 가속화되었다. 지금대로라면 낭비를 줄이고, 에너지 효율을 높이며, 재생 가능하고, 분산되고, 다양하고, 포용적이며, 보다 인간적이고, 사람들의 복지와 자아감을 존중하는 디지털 전환의 명확한 방향과 방향 없는 디지털 경제에 대한 의존은 '트윈 트랜지션'의 매우 불안정한 기둥이다. 디지털화는 '사물 인터넷'에서 '인류와 지구라는 행성의 번영을 위한 디지털'로 전환되어야 한다.

인더스트리 5.0 접근 방식으로 제공하는 산업을 위한 재생적 비전은 유럽의 디지털 기획에 구체적인 총체적 지속가능성 및 회복탄력성 목표를 포함할 수 있는 시기적절한 기회를 제공함으로써 디지털화가 유럽 경제와 산업의 탄소 및 물질적 발자국을 줄이고 사람과 지구 중심 접근 방식으로 전환하도록 하는 지렛대가 될 수 있다. 디지털 기술은 기후 공약을 이행하고 디지털과 친환경을 적절히 결합하는 데 이용될 수 있다. 예를 들어 인공지능(AI)은 지속가능성에 대해 독립적이거나 무지한 것으로서가 아니라 지속가능성을 위한 것으로 설계되고 배치될 수 있으며, 그렇게 되어야 한다. 분산 원장 기술, 스마트 컨트랙트, 대체 불가 토큰(NFT)은 회복탄력성, 재생, 그리고 지속가능성의 원칙에 따라 급진적인 투명성, 공유지의 공동 소유권, 자동화를 위해 코딩될 수 있다.

디지털 기술은 보다 지속 가능하고 순환적인 경제 모델을 가능하게 하고, 효율성을 극대화하며, 투명성을 높이고, 새로운 디자인 도구, 새로운 형태의 사업 모델, 제조, 수리, 업그레이드, 재제조, 재사용 및 재판매에 대한 새로운 접근 방식 등을 제공하는 데 큰 역할을 한다. 센서, 분산 원장, 스마트 계약, 다중 에이전트 AI, 자동화 및 로봇화, 나노 기술 및 네트워크 컴퓨팅의 조합을 바탕으로 디지털 혁신은 시민들이 훨씬 더 지속 가능한 방식으로 자원을 소비하고 사용할 수 있도록 더 나은 선택을 제공하는 동시에 새롭고 더 나은 형태의 경제 성장 창출에 참여하는 데 중요한 역할을 할 수 있다.

예를 들어, 사람-지구-번영을 지향하는 탈중앙화된 방식으로 기술 인프라를 설계하면 중복성과 회복탄력성을 장려하여 원격 데이터 센터로 향하는 고비용의 불안정한 정보 및 데이터 흐름에 대한 수요를 줄일 수 있다. 이 방식은 사회적 요구, 그리고 디지털화와 AI에서 매우 요구되는 인간적 차원도 고려할 것이다. 이러한 측면에서 에지/클라우드 해결책에 대한 강조는 매우 필요하지만, 완전한 기능을 갖춘 데이터 전략과 위성 기술, 반도체, 그리고 "임베디드 AI" 영역에서의 혁신이 필요하다. 이 새로운 인프라를 구축하려면 적극적인 산업 정책과 함께 디지털 전환으로 인해 많은 노동자가 도태되고 농촌과 도시 모두에서 너무 많은 에너지를 소비하지 않도록 하기 위해 이 체계를 적절한 인센티브와 결합할 수 있는 능력이 요구된다.

온실가스 배출, 물질 순환성 및 기타 지구적 경계에 미치는 차별화된 영향과 기술 준비 수준 및 사회적 전환점에 비추어 인더스트리 5.0을 위한 기술 선택에 대한 증거 기반 토론이 필요하다. 또한 화석 연료 연소로 인한 온실가스 배출을 해결하는 공정 배출을 목표로 하는 기술과 관련된 시너지 효과와 딜레마도 명확하게 해야 한다.[•] 유럽의 산업 정책과 "트윈 트랜지션"이라는 틀은 인더스트리 5.0이 단순히 인더스트리 4.0의 "소프트웨어 업데이트"가 아니라 이윤만을 위한 혁신이 아닌 인간과 지구의 필요에 기반한 진정한 혁신적 산업 혁명이 될 수 있도록 근본적이고 구조적으로 차별화될 수 있도록 해야 한다.

중요한 것을 측정하기
– 재생 지표와 규제의 틀

새로운 산업 전략은 2018년 7월 유럽위원회가 제시하고 인더스트리 4.0에 명시된, 그리고 2021년 5월에 일부만 개정된 다소 "고전적인" 경쟁력 지표가 아니라 사업 수행능력과 사업모델의 지속가능성에 대한 완전히 새로운 목표와 지표를 기반으로 해야 한다.

경제 활동에 대한 정책과 측정은 재무 지표와 단기적인 수익성보다 물질적/실물 경제에 더 중점을 두어야 한다. 예를 들어 인더스트리 5.0은 "물질적 자산 수익률" 및 물질적 디커플링,

---

• 산업 탈탄소화가 환경에 미치는 광범위한 영향에 관해서는 딜로이트 우드(Wood, Deloitte), IEEP, 2021, DG 환경을 위한 서비스 계약 참조.

"투자 에너지 수익률," "자연적 자산 수익률," 인적 및 자연 자본의 가치 평가 등 현대 경제 사고를 반영하는, 보다 적절한 측정을 최적화하는 방향으로 나아가야 한다. 또한, 인더스트리 5.0으로 진보해가는 과정에서 EU는 새로운 분류 체계 및 예측 계기판 지표 등 다른 정책 도구 및 비전에 부합하는 용어와 조치를 정의하는 데 주도적인 역할을 수행해야 한다.

자원 효율성과 디커플링을 통해 물질 생산에서 발생하는 탄소 배출을 줄이는 것이 점점 더 시급해지고 있다. 전 세계적으로 물질 생산이 온실가스 배출량에서 차지하는 비중은 1995년 15%에서 2015년 23%로 증가했다.[*] EU의 경우 진정한 순환 경제로 전환하면 온실가스 배출량을 39%까지 줄이는 데 기여할 수 있다.[**] 하지만 우리는 아직 갈 길이 멀다: 2017년 EU-27에서 사용된 물질의 11.2%만이 경제로 다시 순환된 것이다.[***] 유럽의 세 가지 필수 과제에 따라 개정된 산업 전략과 유럽 기업 모델이 올바른 방향을 설정하는 것이 중요하다. "에너지 효율성 우선" 원칙을 바탕으로 더 넓은 의미의 "자원 효율성 우선" 원칙으로의 확장을 시도하는 것이 한 예가 될 수 있다.

● 국제 자원 패널, 자원 효율성 및 기후 변화, (2020년 8월 6일) https://www.resourcepanel.org/reports/resource-efficiency-and-climate-changehttps://www.euractiv.com/section/circular-economy/news/circular-economy-could-reduce-greenhouse-gas-emissions-by-39/
●● https://www.euractiv.com/section/circular-economy/news/circular-economy-could-reduce-greenhouse-gas-emissions-by-39/
●●● 유로스탯(Eurostat), 순환 재료 사용률, (2020년 8월 15일) https://ec.europa.eu/eurostat/databrowser/view/cei_srm030/default/table?Lang=enhttps://think2030.eu/publications/a-low-carbon-and-circular-industry-for-europe/13

3
인더스트리 5.0의 거버넌스

산업이 위협이 아닌 지속가능성, 자연 재생, 포용의 기둥이자 원동력이 되기 위해서는 정부, 공공 정책, 산업과 국가 간의 상호 작용에 근본적으로 새로운 요구를 하게 된다. 첫째, 새로운 정책과 정책 수단, 새로운 파트너십, 산업에 영향을 미치는 새로운 정책적 목표를 필요로 한다. 둘째, 연구 및 혁신 프로젝트에 대한 포트폴리오 접근 방식, 그리고 그와 함께 합리적인 위험을 감수하려는 의지와 임무가 요구된다. 셋째, 자원의 유동성(즉, 예산 및 기타 자원을 신속하게 할당하고 재할당하는 능력)의 형태로, 그리고 변화하는 상황에 신속하게 대응할 수 있는 향상된 능력의 형태로 민첩성이 요구된다. 마지막으로, 정책 과정, 정책 영역 및 거버넌스 수준을 보다 효율적이고 사용자 친화적인 방식으로 연결할 수 있는 능력이 요구되고, 여기서 사용자는 산업, 시민, 그리고 기타 이해관계자로 정의된다. 요약하자면, 인더스트리 5.0에는 정부 5.0이 필요하다.*

• https://think2030.eu/publications/a-low-carbon-and-circular-industry-for-europe/

정부

– 인더스트리 5.0에는 정부 5.0이 필요하다

공공 부문의 의사 결정 및 진행 과정은 속도, 불확실성, 그리고 변혁의 필요성과 연동되어 있지 않다.

많은 국가에서 한편으로 광범위한 혼란과 급격한 변화에 심각하게 노출되어 있는 기업, 산업, 개인과 다른 한편 여러 가지 이유로 훨씬 느린 속도로 움직이는 공공 부문의 상당 부분 간 상당한 변화의 속도(그리고 긴박감?) 격차가 존재한다. 우리가 직면하고 있는 점점 더 긴급하고 실존적인 문제에 대응하고 혼란의 시기에 발생하는 기회를 포착하는 것은 공공 부문과 민간 부문 간의 더 나은 정렬에 결정적으로 달려 있다. 이러한 결과를 달성하기 위해서는 다음과 같은 단계를 따라야 한다.

- 규제 변화를 포함한 정책 과정은 행동, 규제, 인센티브 구조, 정책 설계 등의 영역에서 우리를 소비, 생산, 조직의 오래된 패턴에 가두는 경로 의존성을 깨뜨리는 데 더욱 관심을 기울여야 한다. 정책 결정은 어떻게 "학습해제"를 달성하고 종속성을 해결하며 필요하고 바람직한 변화를 막는 패턴, 정책 및 과정의 관성을 극복할 수 있는지를 더 제대로 이해해야 한다.
- 규정 준수 과정은 순차적으로 진행하기보다는 병행하여 진행해야 한다. 특히 새롭고 돌출적이며 체계 자체를 변화시키는 행위자 및 해결책에 직면한 정책 과정에 대한 더 나은 거

버넌스가 필요하다. 현재 기후 변화에 대처하고 기술 변화와 경쟁 압력에 대처하는 데 필요한 변화 속도에 맞지 않는 순차적인 정책 과정(먼저 한 정부 기관의 허가를 받은 후 다음 정부 기관의 승인을 받아야 하는 등)에 의해 체계 변화의 성취가 방해받고 낙담한 상태에 있다. 더 나아가, 새로운 행위자와 해결책은 정부 내 어느 누구도 전체 과정이 효과적이고 서로 시너지를 일으키며 적절한 시간 내에 이루어질 수 있도록 책임을 지지 않는 상태에서 전문성과 책임이 서로 다른 여러 정부 기관과 관계 맺는 법을 익혀야 하는 경우가 흔하다.

• 새롭고 지속 가능한 경제 모델, 새로운 시장 및 산업 생태계를 창출하기 위한 연구 및 혁신에 대한 공공 자금은 예상치 못한 부문 간 결합과 대규모 구조 변화를 위한 변혁의 옵션을 촉진하는 데 더 효과적인 행동 포트폴리오에 자금을 넣을 수 있는 조건을 만들기 위해 개별적이고 인식 가능한 결과물을 기반으로 평가되는 부문 특정적 개인 혹은 사업적 사례 중심 프로젝트를 찾는 안전망에서 벗어나야 한다.

• 새롭고 지속 가능한 경제 모델, 새로운 시장 및 산업 생태계를 창출하기 위한 연구 및 혁신에 대한 공공 자금은 현재의 위험 회피 경향에서 벗어나야 한다. 보조금, 프로젝트 파이낸싱, 대출, 투자 등 모든 유형의 공공 자금은 개별적이고 인식 가능한 결과물을 기준으로 평가되는 부문 특정적 개인 혹은 사업적 사례 중심 프로젝트를 추구하도록 조건이 설정되어 있으며, 그 결과 산출물들은 대체로 격리되어 있고 대체

적이며 점진적이다. 예상치 못한 부문 간 결합과 대규모 구조 변화를 위한 변혁의 옵션을 촉진하는 데 더 효과적인 초기 및 중간 단계의 행동 포트폴리오에 자금을 넣을 수 있는 여건을 조성하기 위해서는 공공 자금 지원 구조와 지원 메커니즘을 전면적으로 재검토해야 한다.

불확실성, 불안정성, 그리고 급격한 변화로 정의되는 오늘날에는 공공 부문에서 어느 정도의 자원 유동성, 전략적 민첩성, 그리고 리더십이 요구되는데, 이는 현재의 정책 결정을 특징짓는 기존의 예산 설정 과정, 인센티브 구조, 그리고 역량 및 제도적 경직성과 상충된다.[*]

(1) 정책 일관성 – 더 나은 규제의 길을 걷다

새로운 규정을 제안하거나 기존 규정을 평가할 때 기관들이 체계적 혁신을 위한 야심찬 EU 의제와의 일관성을 평가하도록 하는 것이 매우 중요한 단계다. 단순히 새로운 규칙에 비용 편익 분석을 적용하거나 규제 비용 절감에만 초점을 맞추는 것은 EU 기관들이 "제대로 된 대화"를 하도록 유도할 수 없다. 정책 문제를 해결하기 위한 최선의 조치는 위의 섹션 2에서 언급한 목표를 향한 과정들을 달성해야 할 필요성에서 영감을 얻어야 한다. 규제 대안이 규정 준수 비용을 줄이기는 하지만 체계 변력을 위

● 도즈와 코소넨(Doz and Kosonene)의 "미래를 위한 정부: 전략적이고 민첩한 국가 구축"(2014) 참조.

태롭게 한다면 이를 최선의 선택으로 선택해서는 안 됐다. 이러한 측면에서 유럽위원회는 이미 지속 가능한 개발 목표를 향한 더 나은 규제 의제의 점진적인 방향 전환을 발표했다.[*] 하지만 지금까지 이는 부분적으로만 달성되었고, EU가 진전을 보다 의미 있는 방식으로 다르게 측정하도록 이끄는 혁신적 관행이라기보다는 이전 방식에 부가적으로 더해지는 형태를 취하고 있다. 변혁을 달성하려면 의사 결정 도구 역시 일관되게 따라야 한다.

적응형 및 실험적 규제, 예측 및 지평선 스캔과 같이 더 나은 규제와 관련된 새로운 도구도 마찬가지다. 미래를 대비하는 공공 정책에는 예측 가능한 거버넌스 및 규제(규제 샌드박스 포함), 예측 기반 정책 결정(예측 혹은 "퓨처스코핑"[**]은 지평선 스캔을 통해 기술 발전이나 트렌드를 예측하는 것뿐 아니라 선제적으로 "미래를 형성"[***]하는 것을 목표로 함), 적응적 규제가 필요하다.[****] 위원회의 일상적인 업무에서 이러한 도구를 주류화하는 것은 아직 초기 단계이며 향후 몇 년 동안 추가적인 지침과 투자가 필요할 것이다. 또한 영향을 극대화하기 위해 2021년 5월 EU 산업 전략 업데이트와 함께 발표된 산업 생태계를 위한 전환 경로 개발은 EU 인더스트리 5.0 의제 및 수평선 스캐닝 기법의 활용과 조화를 이루어야 한다.[*****]

- https://ec.europa.eu/info/law/law-making-process/planning-and-proposing-law/better-regulation-why-and-how/better-regulation-guidelines-and-toolbox_en 와 더 나은 규제에 관한 논의 "더 나은 법을 위한 노력에 동참하기" https://ec.europa.eu/info/sites/default/files/better_regulation_joining_forces_to_make_better_laws_en_0.pdf15 참고.
- https://knowledge4policy.ec.europa.eu/foresight_en 참조.
- GCPSE Foresight_Summary.pdf
- https://oecd-opsi.org/work-areas/anticipatory-innovation/
- 유럽위원회, 커뮤니케이션 "2020 신산업 전략 업데이트: 유럽 회복을 위한 더 강력한 단

또한 규제는 기존의 모범 사례를 바탕으로 지속 가능성을 위한 의미 있는 혁신을 가능하게 하는 환경을 조성해야 한다. 한 가지 예로, 향후 산업 배출 지침 개혁의 일환으로 시행될 최적 가용 기술 참조 문서(BREFs)와 에코디자인 및 친환경적 조달을 통한 혁신적인 제품 및 과정 위한 시장의 등장을 들 수 있다. 지속가능성을 위한 혁신은 또한 선두주자에게 보상을 주고 뒤처지는 주자에게는 불이익을 주는 방식으로 지원되어야 한다. 이를 위해서는 외부효과 비용의 완전한 내재화가 가장 중요하고, 화석연료 보조금, 에너지세 지침 개혁, 오염자 부담 원칙에 부합하는 추가 세제 개혁을 통해 이를 실제로 운영할 수 있다.

기술과 새로운 사업 모델이 전체 산업을 변화시키는 속도를 고려할 때, 구조적 혼란에 대한 정기적이고 선제적인 조치가 중요하다. 원활하고 공정한 인력 전환을 보장하고, 일자리를 잃을 위험에 처한 사람들이 동일하거나 더 나은 품질의 다른 일자리로 이동할 수 있도록 돕고, 부정적인 영향을 받는 지역, 산업 지역, 도시 및 지역사회 전반의 재생을 지원하기 위해 모든 층위(기업, 부문, 지역 및 국가)에서 사회적 대화의 문화를 구축하는 것이 필수적이게 된다.

"트윈 트랜지션"의 분배적 영향은 우리의 생활 방식에 깊은 영향을 미칠 것이고, 사회적 결속력을 유지하기 위해 충분한 주의를 기울이지 않으면 실패할 것이다. 예를 들어, 모든 근로자가

일 유럽 회복을 위한 단일 시장 구축" (2021년 5월 5일), https://ec.europa.eu/info/files/communication-updating-2020-new-industrial-strategy-building-stronger-single-market-europes-recovery_en.

표준 근로계약서를 이용할 수 있도록 공연 및 프리랜서 경제를 규제해야 한다. 난방비, 주거비, 교통비 상승으로 인해 영향을 받는 사람들을 위한 보상 메커니즘을 개발해야 한다. 에너지 빈곤(현재 유럽 시민의 11%이며 향후 10년간 기하급수적으로 증가할 것으로 예상됨) 은 모든 수단을 동원해 해결해야 하며, 저렴한 교통수단 및 주택과 같은 기본적 필요는 모두에게 보장되어야 한다. 사회적 수용 없이는 우리 사회의 트윈 트랜지션은 실패할 것이다. 노동조합은 녹색 재생 경제가 위로부터 내려오는 것이 아니라 노동자들이 함께 창조하고 함께 만들어나가는 경제라는 사실을 설명해 주었다.

(2) 민관 협력 – 시장을 형성하고 경쟁의 장을 기울이기

정부는 다양한 유형의 시장 실패를 해결하는 것(가격 책정 실패로 인한 긍정적 외부효과와 부정적 외부효과를 처리하는 것) 이상의 역할을 해야 한다. 저탄소 및 스마트 기술에 대한 투자를 장려하고, 재생 가능한 순환 경제 모델과 비즈니스 활동을 위한 새롭고 실행 가능한 시장 창출을 지원하고, 새로운 사업 생태계와 가치 사슬을 창출하고, 국내외적으로 새로운 파트너십을 강화하고, 조달 정책, 가격 메커니즘 및 지원 규제의 틀을 통해 수요 측면을 형성하고, 가장 중요하게는 환경의 임계점이 오기 전에 경제 붕괴를 초래할 사회적 전환점이 될 "정의로운 전환"을 보장해야 한다. 공공 당국은 다양한 부문에 걸쳐 투자 주도의 경제 발전을 이끌어야 하며, 정부는 승자를 가리는 대신 새로운 친환경 및 사회적 패러다임을 향해 협력하고 변화하며 혁신하려는, "기꺼이" 그리고

"혁신적인" 기업을 지원해야 한다.*

최신 IPCC 보고서는 화석연료를 에너지원으로 사용하는 것을 점진적이고 단계적으로 중단하기보다는 즉각적으로 중단하고 경제 성장과 CO_2 배출을 분리하여 소비 패턴과 생산 방식에서 물질과 에너지 함량을 급격히 줄이고 대체 해결책을 더욱 가속화하고 확대하도록 즉각적인 인센티브를 제공하는 정책의 필요성을 강조한다. 적극적이고 통합된 혁신 생태계가 뒷받침하는 강력한 정책 신호는 재생 경제, 순환 경제, 기후 중립 경제로의 잘 관리된 전환을 가능하게 하고, 이는 다시 유럽의 산업에 활력을 불어넣고 지속 가능한 가치 사슬에서 새로운 고용 기회를 창출할 수 있는 기회를 제공할 것이다.

이를 위해서는 산업 설비(IED), 자산(분류법), 공급망(실사), 제품(제품 정책), 자재(CEAP), 가격(ETS, CBAM, 환경 재정 개혁), 부문 및 시스템(농업, 에너지, 임업, 영양, 모빌리티, 의료 및 주택), 마지막으로 무역을 포괄하는 정책 간의 일관된 접근 방식이 필요하다.

기업
– 지속 가능한 지배구조로 재편

체계적인 변혁을 위해 기업은 사고방식을 바꾸고 인더스트리

• "시장의 실패를 교정하는 것만으로는 충분하지 않다. 우리는 적극적으로 시장을 형성하고 창출하며 우리가 원하는 성장의 방향으로 노력을 기울여야 한다." 마리아나 마주카토(Mariana Mazzucato) & 라이너 카텔(Rainer Kattel) & 조쉬 라이언-콜린스(Josh Ryan-Collins). "도전 중심의 혁신 정책: 새로운 정책 툴킷을 향하여" Journal of Industry, Competition and Trade, 2019년 12월 26일 https://doi.org/10.1007/s10842-019-00329-w

5.0 목표를 향해 행동의 방향을 설정해야 한다. 이러한 전환의 결과는 심오하며, 오늘날 대부분의 기업이 따르고 있는 인센티브 체계인 단기적 이익에 대한 집중 및 주주 우선주의에 직접적으로 도전한다. 자본주의의 주주 모델에서 벗어나야 한다는 주장은 미국 사업 라운드테이블 등 이 접근법의 옹호자들에 의해서도 제기되었고, 세계경제포럼과 미국(조 바이든 대통령을 비롯한 여러 인사들에 의해)도 이를 지지했다. 하지만 동시에, "이해관계자 자본주의"로의 전환은 심도 있고 체계적인 변화의 필요성에 대한 적절한 고려로 이어지지 않을 가능성이 높다.

기업 인센티브와 필요한 목표 사이의 현존하는 불일치로 인해, 기업을 혁신의 길로 이끌고자 하는 사업의 지도자는 이사회에서 축출되지 않는 한 비판을 받는 경우가 많다. 그렇기에 야심 차고 혁신적인 계획에서 기업이 수행해야 할 역할에 맞춰 기업의 진행 상황과 성과를 일관되게 측정하는 새로운 유럽 기업 모델이 필요하다. 지속 가능한 기업 지배구조를 위한 새로운 틀을 제안하는 유럽위원회의 현재 작업은 시의적절하고 필요해 보이지만, 현재 입법의 궤적은 상당한 어려움을 마주하고 있는 것으로 보인다. 현재의 제안에 대한 심층 분석은 이 페이퍼의 범위를 벗어나지만, 기업 이사회가 사업 전략에 지속가능성 측면을 포함시키고, 측정 가능하고 구체적이며 시간 제한이 있는 과학 기반 지속가능성 목표를 설정해 이러한 목표에 따른 진전을 측정하도록 요구하는 것이 중요하다는 점을 강조해야 한다.

법률 개혁과 함께 기업의 사회적 책임에 대한 준거틀을 강화하는 것은 산업 정책의 목표를 이행하는 데 기여할 것이다. 법적 준거틀, 최소 기준 및 인증/라벨링, 지속가능성에 대한 비재무적 보고, 의무 실사, 사업 모델 또는 전략적 혁신 등을 도입하여 기업이 이윤을 극대화하는 방식으로 행동할 뿐만 아니라 "영업 허가"의 일부로서 사회적/환경적/일반적 관심사를 적절히 고려하도록 하는 효과적인 도구로 CSR을 활용할 수 있도록 해야 한다. 모든 노동자가 공정한 근로조건을 갖춘 표준 근로계약에 접근할 수 있도록 보장하고 모든 노동자가 저탄소 경제의 일자리와 기술로 전환할 수 있도록 지원하는 것이 유럽 사회권 규약의 목표가 되어야 한다.

(1) 사회 거버넌스 5.0의 중요성

일자리 창출은 인권, 사회 보호, 평등, 포용과 더불어 새로운 사회 및 그린딜 계약의 핵심이다. 유럽 전역의 강력한 고용 시장은 역시 지역의 회복과 미래의 충격과 스트레스에 필요한 회복탄력성 구축의 핵심이다.

노동자들은 정부가 노조, 고용주 및 기타 주요 이해관계자들과 협력해 야심찬 일자리 창출 및 유지라는 목표를 시급한 문제로 다뤄줄 것을 촉구하고 있다. 이 목표를 위해 일자리 창출과 새로운 기술 개발의 상당 부분은 탄소 순배출 제로, 순환형 및 재생형 일자리 시장이라는 촉매로 이루어져야 한다. 유럽위원회의 자체 ESDE 보고서(2019)는 기후 변화 정책이 유럽 고용 시장을 활성화할 수 있으며 기후위기에 대한 무대책은 유럽, 특히 남

유럽에 상당한 사회경제적 비용을 초래할 수 있다고 밝혔다.

따라서 인더스트리 5.0은 번영을 증진하고 양질의 일자리를 육성하기 위한 사회 혁신과 함께 노동자들이 변화하는 고용 시장에 적응할 수 있도록 교육 및 기술 훈련을 지원하는 조치를 요구한다. 산업 발전이 더딘 지역의 디지털 격차를 해소하기 위한 기술 접근성, 경제적 안정과 사회 정의를 동시에 보장하는 데 중점을 둔 고용 및 기회 창출 역시 여기 포함된다. 교육과 의료에 대한 평등한 접근과 사회적 이동성을 보호하는 것은 (적어도 유럽에서는) 정부의 기본적인 역할이며, 산업을 혁신하고 그것을 사람과 지구를 보호하는 산업으로 만드는 필수 조건이다.

유럽 사회 정책과 인더스트리 5.0의 주요 축은 2030년까지 비공식 일자리의 최소 50%를 공식화하여 UN 지속가능개발목표 8을 성공적으로 이행하는 것이어야 한다. 일의 미래에 대한 ILO 토론은 새로운 형태의 일자리가 증가하는 착취와 불평등으로부터 사람들을 보호하고 이중 노동 시장을 피하기 위해 새로운 규칙이 필요함을 보여준다. 인더스트리 5.0은 이러한 정신을 내재하고 있어야 한다.

분권화를 통해 단체교섭을 약화시키고 기업이 단체협약에서 벗어날 수 있도록 허용하는 것은 지난 경제 위기 때 각국 정부가 노동시장의 "경직성"을 줄여 일자리를 늘리기 위해 사용한 전략이었다. 일의 미래에 대한 ILO 토론과 ILO 권고 104호는 새로운 형태의 노동이 증가하는 착취와 불평등으로부터 사람들을 보호하고 이중 노동시장을 피하기 위해 새로운 규칙이 필요함을 보여준다.[*] 인더스트리 5.0은 이러한 정신이 내재하고 있어야 한다.

양질의 일자리를 촉진하기 위한 또 다른 핵심 요소는 지속 가능성, 회복탄력성, 재생 원칙에 대한 요건을 충족하는 공급업체, 제조업체, 서비스 제공업체를 명시적으로 장려하고 지원하며 돌봄 부문 산업을 포함하여 제공되는 일자리의 질에 대한 명확한 조건을 만든다는 목표가 분명한 조달 전략이다. 조달 전략은 노동 시장에서 불이익을 받거나 소외된 집단을 고용하기 위한 조건도 포함할 수 있다. 이처럼 공정한 조달 전략은 조달이 널리 사용되는 기후 행동 및 환경 보호와 관련된 모든 부문에서 양질의 일자리를 지원하는 데 특히 중요하다.

(2) 체계적인 산업 변화를 주도하기 위한 연구와 혁신

과학적이고 사회적인 산업 주도의 패러다임 변화는 여러 세대에 걸쳐 사고방식, 기술 및 역량에 심대한 변화를 촉발했으며, 이는 차이의 필연적 결과이자 구조적 변화가 정착되고 그 규모를 확장할 수 있는 조건으로서 새로운 규범과 기대치를 확립하는 데 중요한 역할을 해 왔다. 산업혁명은 교육, 견습, 연구 및 혁신 관행과 일의 본질을 변화시킨 변화 중 하나다. 인더스트리 4.0에 대한 연구는 기술 격차의 존재, 특히 제조 및 운영 분야에서 전반적으로 재숙련 및 업스킬링의 필요성,[**] 디지털 네이티브와 그

- 시릴 라마포사(Cyril Ramaphosa)와 스테판 뢰프벤(Stefan Löfven)이 의장을 맡은 '일의 미래에 관한 글로벌 위원회'의 ILO 보고서. https://www.ilo.org/global/topics/future-of-work/WCMS_569528/lang--en/index.htm
- 2020년 8월 7일 맥킨지(McKinsey) 참조. https://www.mckinsey.com/business-

렇지 않은 세대 간의 격차 증대, 코딩과 리코딩이 가능한 개발자에게 시장 권력이 집중되는 현상을 점점 더 강조해 왔다.

유럽이 지금 지속 가능한 삶과 자연 보호 및 재생을 달성하기 위해 필요로 하는 산업 혁신은 사고와 업무 방식, 지식, 핵심 역량, 리더십 및 협업 능력, 무엇보다도 연구 및 혁신 관행에서 비슷한 규모의 변화를 요구할 것이다. 이는 선택사항이 아니다. ITUC 사무총장 샤란 버로우의 말에 따르면, "죽은 지구에는 일자리가 없고," 전염병 대유행, 물리적 환경 재앙, 그리고 그로 인한 정신 건강 위기의 악순환에 갇힌 지구 역시 마찬가지다.

(3) 산업 주도의 변화를 위한 전환 경로 및 전략적 혁신

인더스트리 5.0은 산업 저탄소, 재생 순환 경제 해결책에 대한 R&D 자금 지원 확대뿐 아니라 친환경 설계 및 BREFs(최적 가용 기술 참조 문서)*를 다루는 규제 프레임워크의 변화를 포함해 산업 내 혁신의 신속한 개발 및 배포와 가치 사슬 내 회복탄력성 구축을 가능하게 하는 틀을 만들어야 한다. 이는 유럽의 경쟁력에 있어 중대한 기회다. 유럽의 주요 기업들이 보호, 준비, 혁신이라는 세 가지 의무를 진지하게 받아들인다면 산업계는 유럽의 연구 및 혁신의 힘을 활성화해 가속화된 학습, 사업 모델 전환, 투자 및 확장을 위한 새로운 기회를 위한 세계적 수준의 메커니즘을 제

functions/operations/our-insights/building-the-vital-skills-for-the-future-of-work-in-operations
• https://ec.europa.eu/environment/ecoap/about-eco-innovation/policies-matters/quiet-process-eco-innovation-industrial-emissions-directive_en

공할 수 있을 것이다.

혁신에 대한 전략적이고 체계적인 접근 방식은 인더스트리 5.0의 핵심에 배치되어 학습을 가능하게 하고 크고 작은 기존 사업의 자발적인 변화를 지원하며, 가능한 경우에는 언제나 재생, 순환 및 회복탄력성의 원칙을 채택해 새로운 산업 생태계와 가치 사슬을 설계할 수 있도록 해야 한다. 마찬가지로, 이러한 원칙을 적용하면 유럽 산업계가 중소기업과 산업 클러스터에서 유럽의 강점을 더 많이 활용하도록 장려하게 되며, 이는 우리가 함께 맞춰나가야 할 혁신적 퍼즐의 여러 조각을 포함한다. 동시에 이러한 원칙은 공통의 원칙을 공유하는 동시에 공급망의 회복탄력성을 높일 수 있는 보다 다각적이고 분산적이며 지역화된 산업 생태계를 구성하기 위한 수단이다.

하지만 더 유연하고 진정으로 실험적이며 위험을 감수할 수 있는 혁신 개발 및 배포에 대한 접근 방식을 포용하고 산업계와의 파트너십, R&D에 접근하려는 중소기업을 위한 관료주의의 완화, 그리고 연구 및 혁신 단계와 부문 간 교차 수분을 위한 지원 및 인센티브 확대를 위해서는 유럽의 연구 및 혁신 정책도 변화해야 할 것이다. 무엇보다 사람, 지구, 번영을 위한 인더스트리 5.0의 약속을 달성하는 것은 산업 R&D 정책과 프로그램이 가장 소외되고 영향력이 가장 적은 이해관계자부터 시작해 창조와 상호주의라는 원칙을 엄수할 것을 요구한다.

(4) 복잡한 적응형 비즈니스를 위한 기술과 마인드셋

급변하는 국제적 맥락에서 보자면 코로나19는 미국과 중국에서는 혁신과 기업가 정신에 박차를 가하고 있는 한편, 유럽에서는 "이탈"과 혼란(긍정적인 의미에서)의 속도가 뒤처지고 있다. 유럽은 계속해서 보호에 초점을 맞추고 있으며 변혁을 장려하고 가능하게 하는 데는 그만큼 집중하지 않고 있다. 원칙적으로 대부분의 회원국이 보여주는 기본적인 복지 및 사회 보호에 대한 유럽의 가치 기반 투자 특유의 내재적 강점은 민간 부문과 정부 및 학계에서 속도, 위험 감수 및 실험을 장려하고 지원하는 보다 강력한 기반을 제공해야 한다. 인더스트리 5.0은 복잡성을 이해하고, 체계적으로 사고하며, 복잡성 친화적인 도구와 방법론, 설계 원칙, 경험적 학습, 행동 및 반성 주기, 반복을 사용하도록 훈련된, 신입 직원부터 이사회에 이르기까지 모든 사람의 사고방식, 기술 및 역량을 내포한다.[*] 상호 의존성과 장기적인 결과에 대한 호기심, 적응력, 공감 능력, 책임감은 자격 취득과 고용의 기본 목표가 되어야 한다.

이러한 의미에서 인더스트리 5.0은 새로운 세대의 학생들을 위한 커리큘럼과 비즈니스 및 경제학의 핵심 원칙을 빠르게 재설정하는 것은 물론, 신규 진입자와 기존 인력의 재교육 요구를 확장하고 충족할 수 있는 새로운 현대적 학습 및 교육 접근법에

• 명백함, 복잡함, 복잡성의 영역에 대한 데이비드 스노든의 글 참조. 스노든(Snowden), D 및 랜카티(Rancati); A; "위기 상황에서의 복잡성 (그리고 혼돈) 관리하기. Cynefin 프레임워크에서 영감을 얻은 의사 결정자를 위한 현장 가이드." https://publications.jrc.ec.europa.eu/repository/handle/JRC123629

대한 상당한 도전과 수요를 제시할 것이다. 특히 직업 교육 기관과 경영학교의 혁신이 시급하며, 복잡한 시스템과 의사결정에 대한 확실한 이해를 바탕으로 미래의 사업 및 정책 리더를 양성하는 데 초점을 맞추기 위해 기존 학업 프로그램에 대한 포괄적 개편이 요구된다.

이러한 요구를 충족하는 것은 유럽, 특히 유럽 대학에 중요한 기회가 될 것이다. 순환성, 회복탄력성, 재생에 중점을 둔 산업 주도의 선봉대와 협력하는 것은 유럽 대학이 새로운 지식(예: 학술 연구)의 배포 및 확산에 걸리는 시간을 단축하고 교육(학부, 대학원 및 평생 학습)을 개혁하고 전략적 혁신 포트폴리오를 촉진할 수 있는 여건을 제공할 수 있다. 지속 가능성 노선을 따라 산업 혁신과 협력을 가속화하기 위해 고안된 공공 민간 파트너십의 심화는 연구의 상업화(기술이전 및 라이선싱 사무소)뿐만 아니라 교육의 쇄신(내용/형식/범위), 중소기업, 산업 클러스터 및 사회와의 공동 창조 및 새로운 형태의 상호작용, "살아있는 연구실"(예: 새로운 해결책에 대한 실험 및 조달)을 통해 유럽 대학이 더 나은 혁신의 온상이 되는 것을 촉진할 수 있다.[*]

지속 가능한 비즈니스 모델과 가치 사슬의 효과적인 재생, 순환 및 회복탄력성을 설계하려면 자연 기반 재료의 풍부한 특성을 최대한 활용하기 위한 부문 간 교차, 교차 융합 및 새로운 협업 산업 생태계, 다차원 사업 모델을 달성하기 위한 통합된 다분

• 실비아 슈와그(Sylvia Schwaag) 외, 《고등 교육 혁신: 변화의 시대의 학문적 리더십》 (wordpress.com)

야 팀, 다양한 형태의 가치 창출이 필요하다. 위에서 언급한 체계적 사고와 복잡성 기술을 구체적으로 보완하기 위해 인더스트리 5.0은 장기적인 파트너십을 유지할 수 있는 사고방식, 기술 및 역량을 구축하고, 분야 간 공동 창작을 포함한 근본적인 경계를 넘는 협업과 거버넌스를 구축하는 데 투자해야 한다. 이러한 능력은 현재 중등 및 고등 교육 커리큘럼의 핵심이 아니며 일반적으로 나중 단계의 성숙 및 평생 학습의 결과로 생겨난다. 하지만 이는 어릴 때부터 개발되어야 하며, 그 과정은 교육 및 훈련 기관의 구조와 이미 구현된 관행들에 대한 전반적인 점검을 요구한다. 또한 이 능력은 유럽 기업 및 공공 부문의 의사 결정권자, 이사회, 중간 관리자에게 우선적으로 교육해 가장 중요한 부문 간 교차, 즉 공공 부문과 민간 부문, 산업과 공공 행정 간의 공유지 관리 및 공익을 위한 교차가 이루어질 수 있도록 해야 한다.

정부의 모든 차원 및 국제 표준을 통한
수직적 및 수평적 일관성

인더스트리 5.0으로의 전환이 효과적이기 위해서는 유럽과 세계가 직면한 도전의 규모에 맞춰 인더스트리 5.0이 가진 야망의 수준을 조정하고, 동시에 국가 및 국제 정책은 물론 소비자 행동과 여론이 촉매제가 되는 도시, 지역 기관 및 지역 공동체 등 중요한 하위 국가 행위자까지도 변화의 대상으로 삼아야 한다.

(1) 범유럽 및 국제적 규모

인더스트리 5.0은 유럽이 국제 협력, 개방성(동시에 SDG에 부합하는 방식으로 전략적 자율성 강화), 새로운 제조방식, 지속가능성, 윤리 및 디지털 경제/사회에 대한 표준과 규범을 설정하는 방식의 리더십을 통해 세계에서 유럽이 가진 리더십의 수준을 재구성할 수 있는 기회를 의미한다. 예를 들어, 현재 유럽에서 사용 후 수거되어 가치 사슬로 되돌아가는 섬유의 비율은 1% 미만이며, 이러한 추세는 개선되기는커녕 악화되고 있다. 인더스트리 5.0 맥락에서 비전에 맞춰 재생 순환 경제 원칙과 물질의 흐름 및 사용에 초점을 맞춘 부문별 목표 수준을 설정하면 경제 주체들에게 정책이 새로운 경제 패러다임으로 재편되고 있다는 강력한 신호를 보낼 수 있다. 2030년까지 섬유 소재 흐름의 50%를 가치 사슬로 되돌린다는 EU의 목표를 설정하고, 높은 잠재력을 가진 확장 가능 신기술에 R&D를 집중하며, 가치 사슬 주체들과 종속 수요의 창출이 서로 정렬되는 것과 자본의 연계 및 인프라 투자 규모 확대를 장려하는 것이 적절할 것이다. 하지만 공정하고 정의로운 전환을 보장하기 위해서는 제3국의 협력, 2차 시장 및 순환 경제 인프라를 촉진하는 적절한 무역 및 개발 정책이 수반되어야 한다.

(2) 국제 규칙 제정 및 표준 설정

글로벌 리더십은 신용 위기 이후 활용된 글로벌 금융 규칙 제정 제도와 선례를 활용해 더욱 강화될 것이다. 유럽은 금융안정위원회와 유사한 "산업안정위원회"를 설립함으로써 유럽 및 전 세계 기업과 산업이 여러 가지 연결된 충격과 스트레스로 인해 직면한 체계적이고 전략적인 위험과 전환 비용의 규모를 파악할 수 있다.

이는 그린딜의 목표를 달성하면서 공정하고 정의로운 방식으로 전환하지 못하면 "실패하기에는 너무 체계적으로 중요한" 것으로 여겨지는 전 세계 및 지역의 산업과 기업들을 식별하는 것을 내포한다. 이러한 기업들은 신용, 규제 승인 및 운영 허가를 계속 받기 위해 일련의 탈탄소화 요건, 회복탄력성을 위한 조치, 순환 경제 원칙, 재생 관행 및 이해관계자 요건(사람-지구-지속 가능한 번영)을 충족하기 위한 변화의 증거를 입증할 것을 요구받을 것이다. 또한 유럽은 FTA 협상을 통해 파트너와 협력하여 산업의 지속가능성 기준을 강화하고, 친환경 디자인 표준 또는 향후 제품 정책을 내재화하며, 양질의 일자리와 사회적 기준을 보장할 수 있는 방안을 모색해야 한다.

(3) 지역적 초점

혁신 정책은 정의상 기술적으로 진보된 지역, 기술 발전의 최첨단에 있는 지역을 대상으로 한다. 인더스트리 5.0은 포용성과 회복탄력성이라는 핵심 원칙을 고려하면 연구 및 혁신 프로그램을 개발할 때 다양한 기술 발전 수준을 염두에 두는 등 주변 지역이나 구조적 변화에 직면한 지역의 혁신 체계를 강화하는 데 특별한 정책적 관심을 기울이는 노력을 포함한다.*

지역적 차원은 산업 정책을 설계할 때 훨씬 더 많은 관심을 받아야 한다. 산업 및 기술 발전은 강력한 응집 효과를 가지며, 산업(특히 새롭게 부상하는 가치 사슬)은 보다 혁신적이고 선도적인 지역에 집중되는 경향을 보인다. 유럽에서는 지역 간 경제 격차가 지속되고 심화되고 있으며, 이는 핵심 지역에서는 선순환을, 주변 지역에서는 악순환을 초래한다. 또한 기후 전환은 탄소 의존도가 높은 저개발 지역에 심각한 영향을 미칠 것이다. 이 모든 것이 EU에서 "낙후된" 지역과 "탈산업화된" 지역(과거 석탄에 의존하던 지역을 제외하고도)의 수가 증가하는 결과로 이어지고 있다.

지역의 쇠퇴라는 문제에 대응하기 위해 인더스트리 5.0은 혁신 전략을 현지화하고 경제 활성화 프로그램과 사회적 지원 및 적극적인 노동 시장 정책을 결합하는 지역 재개발 계획을 통해 유럽의 회복탄력성과 안보를 강화할 수 있는 기회를 제공한다. 지역 차원에서 구조 개혁을 이행하기 위해 신사업 개발과 역량 구축을 주도적으로 지원하고 인센티브를 제공하는 것은 제도의 질을 개선하고 산업 인프라를 현대화하며 기술 구조를 업그레이드하고 고부가가치 활동으로 전환할 수 있는 정책 개발을 가능하게 할 것이다. 이러한 계획은 지역의 잠재적 비교우위를 발굴하기 위한 지역 및 혁신 지향적 산업 정책 형태인 스마트 특화 전략에 의해 뒷받침되어야 한다. 그리고 지원은 가용 자금 메커

● 지속 가능성과 혁신을 위한 스마트 전문화에 대한 유럽위원회의 연구 참조: 스마트 전문화 지속가능성을 위한 전략(S4) 스마트 전문화 플랫폼(europa.eu), 그리고 지속가능성을 위한 장소 기반 혁신 - 스마트 전문화 플랫폼 (https://s3platform.jrc.ec.europa.eu/en/w/place-based-innovation-for-sustainability)

니즘의 효과적인 활용을 보장하고 각 지역에 맞는 맞춤형 접근 방식을 공식화하기 위한 역량 강화의 형태로 제공되어야 한다. 마지막으로, 분산된 가치 사슬을 갖춘 순환 경제의 구축은 지역 일자리 창출의 기회를 제공할 것이다.

4

우리의 행동 촉구
ESIR 인더스트리 5.0 실행 계획

세 가지 필수 과제와 업계의 역할

What	Who
지속가능성이 자연스러운 구성 요소이자 국제 경쟁력의 원동력이 되는 방향으로 비즈니스 모델의 근본적인 혁신	산업, 정부, 금융 부분/투자자, 시민사회, NGO
GDP 이후의 패러다임을 향한 규제 개선 의제의 전면적 방향 전환	정부(EU 위원회와 MS)
정책, 금융 투자 및 기업 지배구조에 대한 사고방식과 경제적 접근 방식의 변화	산업, 정부, 금융 부분/투자자, 시민사회, NGO
새로운 기술적 가능성과 지속가능성, 순환적 경제 및 사회적 웰빙을 수용하기 위한 가치 사슬의 근본적 재설계	산업
비전을 향한 진보 정도를 측정할 수 있는	산업, 정부, 투자자, NGP

기준 및 지표 채택	
규정 준수, 채택 및 모범 사례를 효과적으로 안내하는 규제 시스템	정부

새로운 경제 방향과 산업 성과에 대한 새로운 접근 방식

What	Who
"물질적 자산 수익률," "투자 에너지 수익률," "자연 자산 수익률," "인적 자본의 가치"를 최적화하기 위해 재무 지표보다 물질적/실물 경제에 대한 경제 활동의 정책 및 측정에 더 중점 두기	산업, 정부, 금융 부분/투자자, 시민사회, NGO
협소한 "에너지효율성 우선" 원칙으로부터 보다 넓은 "자원효율성 우선" 원칙으로의 전환	산업, 투자자
제품을 EU 단일 시장으로 가져오는 모든 가치 사슬에 대한 실사 시스템	정부, 산업
노동세 인하(특히 저소득 근로자에 대한), 환경 재정 개혁을 통한 오염 비용 내재화, 기업 및 디지털 과세 강화의 역할 고려, 보편적 기본 수당 또는 소득 논리 적용 논의	정부
규정 준수, 채택 및 모범 사례를 효과적으로 안내하는 규제 시스템	정부

비즈니스 모델, 가치 사슬 및 공급망을 위한 새로운 설계

What	Who
회복탄력성 원칙에 입각해 공동 농업 정책 등 EU 정책을 새롭게 설계 (2.2)	정부
공급망의 전반적인 탄소 및 물질적 발자국을 줄이는 방식으로 경제 활동을 리쇼어링 (2.3)	산업

디지털 트랜스포메이션을 위한 새로운 목적, 지구적 경계 내에서 삶의 실현

What	Who
디지털 기술을 활용해 기후 공약을 이행하고 디지털과 친환경을 적절하게 결합	산업, 금융 부문

정책 결정에 대한 새로운 접근 방식

What	Who
녹색 및 사회적 산업 전략을 그린딜의 초석으로 삼아 녹색 및 디지털 전환이라는 트윈 트랜지션의 과제에 대응. 그린딜은 산업이 디지털 및 저탄소 경제에 대비하고 탈탄소화 과정에서도 경쟁력을 유지하면서 공정하게 경쟁할 수 있도록 하는 장기적인 산업 전략으로 보완되어야 함.	정부와 이해관계자와 함께 결정
산업 설비(IED), 자산(분류) 공급망(실사)	

제품(제품 정책), 자재(CEAP), 가격(ETS, CBAM, 환경 재정 개혁), 부문 및 시스템(농업, 에너지, 임업, 영양, 모빌리티, 의료, 주택 및 무역)을 포괄하는 정책 간 일관된 접근 방식 마련	정부
기업이 대중과 소통할 수 있는 산업 혁신에 대한 "원스톱 상점" 만들기 (프로세스 간소화 및 신속한 처리, 다른 기관 및 공공 부문과의 상호 작용 촉진)	정부가 이해관계자에 자문 통해 결정
인더스트리 5.0으로의 전환을 가능하게 하는 데 있어 공공 영역의 역할 재고 (목표, 접근방식, 정책 일관성, 협력관계, 상호작용 등)	정부가 이해관계자에 자문 통해 결정

연구 및 혁신에 대한 새로운 역량과 접근 방식

What	Who
친환경 설계 및 BREFs(최적의 사용 가능한 기술 문서)를 고려한 규제 틀 변경	정부와 이해관계자와 함께 결정
저탄소, 재생, 및 순환 경제 해결책을 활용하는 산업에 대한 R&D 예산 증대	정부가 이해관계자에 자문 통해 결정
유럽의 연구 및 혁신 정책을 변경 - 보다 유연하고 진정으로 실험적이고 위험을 포용하는 혁신에 대한 접근 방식 개발 및 업계와의 파트너십 활용 장려 - 중소기업을 위한 관료주의 감소 R&D 지원에 대한 접근성 모색 - 연구와 산업의 여러 단계와 영역에 걸친 교차 연구에 대한 더 큰 인센티브 제공	정부가 이해관계자에 자문 통해 결정

2

인더스트리 5.0의 구현 기술
유럽 기술 리더의 워크샵 보고서(2020년 9월)

Enabling Technologies for Industry 5.0

저자 **줄리안 M. 뮐러**(Julian M. Müller)

오스트리아 잘츠부르크의 슐로스 제에부르크 사립대학(Privatuniversität Schloss Seeburg) 교수. 기계 공학과 산업 공학 및 경영학에서 석사 학위, 독일 프리드리히-알렉산 더 에를랑겐-뉘른베르크 대학교(Friedrich-Alexander University Erlangen-Nürnberg)에 서 박사 학위를 받았다. 연구 분야는 인더스트리 4.0, 기술혁신 경영, 공급망 관리, 지속가 능한 산업 생태계 등이다.

역자 **송경모**

현 경영컨설팅사 미라위즈 대표, 고려대학교 기술경영전문대학원 겸임교수. 1986년 서 울대학교 경제학부 졸업, 1998년 동 대학원에서 진화경제학 전공으로 박사 학위를 받았 다. 공공부문의 기술연구소, 민간 신용평가회사와 금융회사 근무하면서 기술 혁신과 사업 화, 금융시장, 인문학에 대한 폭넓은 지식을 습득했고, 이를 바탕으로 재무 회계와 기술 금 융 부문의 여러 전문 서적을 집필했다. 아울러 《피터 드러커로 본 경영의 착각과 함정들》 (2016), 《세계사를 뒤흔든 생각의 탄생》(2022) 등 경영 및 인문학 분야의 교양서와 번역 서 10여 종을 출간했다.

1

인더스트리 5.0의 구현 기술 요약

유럽은 기후 중립성과 디지털 리더십을 향해 큰 전환의 시점을 맞이했다.* 녹색 전환과 디지털 전환이라는 쌍둥이는, 글로벌 경쟁력이 우리에게 그랬던 것과 마찬가지로, 산업을 변형시키고, 중소기업의 역량을 보완하며, 유럽을 지속가능하고 경쟁력 있는 상태로 만들어갈 것이다.

혁신적이고 회복력이 있으면서도 사회에 초점을 두고 경쟁력을 유지하는 산업, 그러니까 지구의 행성 경계**를 존중하고 환경에 미치는 부정적인 영향을 최소화하는 산업을 향한 비전을

• https://ec.europa.eu/info/strategy/priorities-2019-2024/europe-fit-digital-age/european-industrial-strategy_en
•• 옮긴이 주) 행성 경계(Planetary Boundaries)는 인류가 지구 생태계의 안정성과 회복력을 측정할 목적으로, 2009년 스톡홀름회복력센터(Stockholm Resilience Centre, www.stockholmresilience.org)가 중심이 되어 처음 제안한 지표이다. 현재는 9개의 행성 경계로 정

우리는 인더스트리 5.0이라고 명명한다. 이 비전은 기술, 사회경제, 규제와 거버넌스(governance)와 관련한 여러 새로운 과제들을 우리 앞에 던져주고 있다.

이런 배경 아래, 2020년 6월 2일부터 9일까지 유럽 전역의 여러 연구 및 기술 조직(RTOs: Research and Technology Organizations)과 자금 지원 기관에 소속된 전문가들이 모여서 인더스트리 5.0 개념에 대해 토의했다. 인더스트리 5.0의 일반 개념에 대해 피드백을 구하고 이를 구현하는 제반 기술과 새로이 등장할 가능성이 높은 여러 과제들에 대해 논의하려는 게 목적이었다. 이 개념을 어떻게 명명(命名)할 것인가에 대해 참가자들은 열띤 논쟁을 벌였지만, 사회와 환경 관점의 요구 사항들이 기술 발전에 원활히 통합되어야만 한다는 점에 대해서는 일종의 합의가 이루어졌다. 더 나아가서, 참가자들은 이 새로운 과업들이 지닌 복잡성은 단지 개별 기술의 힘만으로는 해결이 불가능하며, 뭔가 체계적인 접근이 필요하다는 점에 대해서도 동의했다.

인더스트리 5.0의 기반을 이루는 기술에는 다음과 같은 것들이 있다.

- 인간과 기계의 강점을 상호 연결하고 결합하는, **인간에 중심을 둔 소프트웨어와 인간-기계-상호작용 기술**

립되어 있다: 이산화탄소 집중(CO_2 concentration), 생물권 무결성(biosphere integrity), 토지시스템 변화(land-system change, 생화학물질 순환(biochemical flows), 해양 산성화(ocen acidification), 대기 미세입자 유입(atmoshpheric aerosol loading), 성층권 오존 고갈(stratopheric ozone depletion), 신종 존재(novel entities). 이 경계를 초과하는 정도가 클수록 지구 생태계의 회복력은 낮아지는 것으로 본다.

- 센서를 내장함으로써 증강된 특성을 발현하면서도 재생가능성을 지니닌, **생물영감기술과 스마트 소재**
- 체계 전체를 모형화할 수 있는 실시간 기반 **디지털트윈과 시뮬레이션 기술**
- 데이터와 시스템을 상호 연계해서 조작할수 있는, **사이버 보안을 유지하는 데이터 전송, 저장, 분석 기술**
- **인공지능 기술,** 예를 들어서 복잡하면서도 동태적인 시스템 안에서 인과관계를 탐지해서 실행가능한 지능으로 이어질 수 있는 기술
- 앞에서 언급한 기술들이 대량의 에너지를 요구함에 따라, **에너지 효율성과 신뢰성 있는 자율운영 능력을 갖춘 기술**

체계적 접근을 위해서, 개별 영역마다 해법을 모색해야 할, 다음 몇 가지 과업을 반드시 고려해야 한다.

- **사회 차원**에서 보면, 인간 중심 접근은 사회 중심 접근이라는 구조 안에서 전개될 필요가 있는데, 이 과정에서 신뢰와 수용성을 증진시키기 위해 사회의 참여를 이끌어내는 동시에 당면한 여러 과제를 해결하고 구성원 간 이질적인 요구사항들을 반영해야 한다.
- 빠른 속도로 일어나는 전환에 대응하기 위해서 **정부와 정치 차원**의 조치가 필요하다. 여기에는 '애자일(agile)* 정부' 접근법이

● 옮긴이 주) agile은 어의 상으로는 '기민한', '날렵한' 등의 의미를 지닌다. 여기서는 원래 소프트웨

포함되는데, 이때 산업 생태계와 노동시장의 복잡하게 상호 연관된 시스템에 대한 이해가 수반되어야 한다.

- 이종 학문과 지식 간 소통을 하는 **다분야 지식 교류(interdisciplinarity)**,[**] 즉 상이한 연구 분과들 (예를 들어서 생명과학, 엔지니어링, 사회과학, 그리고 인문학) 사이의 통합은 복잡성 문제를 내포하며 시스템 접근법이 필요하다.

- **경제 차원**에서는, 경제적 이익을 창출하고 경쟁력을 유지할 방안을 구축하고 그 소요 자금을 조달해야 하는데, 이는 예를 들어서 생태와 사회 측면에 가치를 두는 사업모델을 각 영역에서 개발함으로써 가능하다.

- 중소기업을 포함하여, 가치사슬과 생태계 전반의 보다 광범위한 영역에 걸쳐 기술이 구현되어야 한다는 의미에서 영역의 **확장성(scalability)**을 갖추어야 한다.

인더스트리 5.0의 개념

인더스트리(이하 '산업'으로 통용)[***]는 유럽 경제에서 단일 요소로서

어 개발 방법론의 하나로 개발된 개념을 정부 조직 운영 방식에 차용한 것이다. 본문에서 agility는 '기민성'으로 옮겼고 형용사로 쓰일 때는 소프트웨어 개발 분야에서 사용하는 어법을 준용하여 '애자일'이라고 했다. 소프트웨어를 처음부터 끝까지 계획이 수립된 상태에서 개발하는 워터폴(Waterfall) 방식에 대비된다. 애자일 방식은 하위 개발 단위를 하나씩 진행해면서 피드백을 받고 개발 방향을 수정, 보완하면서 전체 개발을 완성해나가는 방식을 말한다. 애자일 조직은 짜여진 계획에 경직적으로 의존하지 않고, 유연하고 기민하게 의사소통이 이루어진다는 특성을 지닌다.

[**] 옮긴이 주) interdisciliarity는 흔히 '학제성(學際性)'이라고 번역하기도 하나, 인더스트리 5.0이 추구하는 지식이 모두 학문적 지식일 필요는 없기 때문에, 학문 지식과 여타 성격의 지식을 포괄하여 여기서는 '다분야 지식 교류'라고 번역했다. 이는 비교적 낮은 단계에서 이루어지는 지식 융합(convergence)이라고 볼 수도 있다.

[***] 옮긴이 주) 프랑스어 'industrie'는 원래 '근면함'을 뜻했는데, 18세기 말부터 프랑스의 경제 사상

는 최대의 기여를 해왔고, 유럽 전역에 일자리를 낳고 번영을 이끌어 왔다. 유럽의 산업 기반이 여전히 강력하기는 하지만, 지금은 끊이지 않는 새로운 도전에 직면해 있다. 고도로 경쟁력이 있지만, 날로 복잡해지는 세계화된 경제 속에서 운영되고 있다. 수출 능력은 여전하지만, 빠르게 변하는 지정학적 환경에 노출되어 있다. 효율적이고 비용 대비 성과가 우수하지만, 공급망과 유통망이 조금이라도 교란되면 취약성에 노출될 수밖에 없다. 2008년부터 2018년에 이르는 기간에, 산업은 EU의 GDP가운데 20%를 기여했고,[*] 특히, 제조업은 EU 경제의 부가가치 중 14.5%를 제공했다.[**]

산업이 유럽에 번영을 계속 가져다주려면 앞에서 말했던, 쉴새 없이 닥쳐오는 도전을 극복하기 위해 적응해야 하는데, 이는 오직 지속적 혁신을 통해서만 가능하다. 유럽의 산업은 가치사슬의 서로 다른 지점에서 효율성을 개선할 수 있고, 그 생산 시스템의 유연성, 기민성, 린(lean)[***] 속성을 제고함으로써 빠르게

가들이 종래 유럽의 귀족 체제를 대체하는, 신흥 부르조아 계층의 상공업 활동을 뜻하는 단어로 사용하기 시작했다. 이후 영어에서도 같은 뜻으로 쓰였고, 우리나라에서는 '산업'이라는 번역어로 정착했다.

- Eurostat (2019) National accounts and GDP, https://ec.europa.eu/eurostat/statistics-explained/index.php/National_accounts_and_GDP#Gross_value_added_in_the_EU_by_economic_activity
- ● The World Bank (2019) Manufacturing, value added (% of GDP) - European Union, https://data.worldbank.org/indicator/NV.IND.MANF.ZS?locations=EU
- ●●● 옮긴이 주) 원문에서 flexible, agility, leanness은 각각 유연 생산(flexible manufaturing), 애자일 프로세스(agile process), 린 생산방식(lean production)의 속성을 상징하는 단어로 사용했다고 보인다. 유연 생산은 동일 공정이나 설비를 상이한 모델이나 제품을 생산하는 용도로 전환하여 사용할 수 있는 것을, 애자일 프로세스는 앞의 옮긴이 주3)에서 설명한 것처럼 어떤 완성된 계획을 엄격하게 따르기보다 부분 과업들을 하나씩 수행해하가면서 피드백을 거쳐 프로젝트의 진행 방향과 방법을 개선해가는 방식을 말하며, 린 생산은 일본의 제조기업들에서 나타났던 것처럼 재고자산 등 보유 자산규모를 최대한 줄여서 자산효율성을 극대화하는 생산방식을 의미한다.

변화하는 전 세계 소비자의 수요에 대응할 수 있으며, 전 세계에 걸쳐 품질의 기준점으로 남아 있을 수 있다.

4차 산업혁명은 사이버-물리 시스템에서 물리적 현실과 가상 세계를 병합하고 인간, 기계, 장치를 만물 인터넷(Internet of Things) 안에서 상호연결한다는 아이디어에 기초를 두고 있다. 전체 가치사슬, 고객으로부터 공급사에 이르기까지 과정, 전체 제품 수명주기, 그리고 상이한 여러 기능 사이에 걸쳐 형성되는 이런의 수평형 또는 수직형 연결은 새로운 가치 네트워크*와 생태계를 형성한다. 또한 효율성, 개인화 수준, 고품질, 서비스 지향적성, 추적 가능성, 회복탄력성과 유연성, 이 모든 측면에서 성과를 제고하고 부가가치를 창출할 수 있다. 유지관리는 전례 없이 차별화된 방식으로 생산 과정과 연결됨으로써, 전체 수명주기에 걸쳐 일종의 통합된 사슬을 만들어낸다. 4차 산업혁명은 경제, 생태, 사회의 관점에서도 편익을 창출하는데, 이는 지속가능한 발전의 삼중 성과(Triple Bottom Line)**와도 관련이 있다.

지금까지 등장했던 여러 차례의 산업혁명, 즉 1차 산업혁명은 수력과 증기, 전기를 이용한 기계화, 2차 산업혁명은 노동 분업과 대량생산의 도입, 그리고 3차 산업혁명은 IT, 전자와 자동화

• 옮긴이 주) 가치 네트워크(value network)는, 종래 원재료부터 시작해서, 공급사, 제조, 유통으로 이어지는 선형 가치사슬(vlaue chain)을 보다 확장해서 협업과 공생이 이루어지는 사업 생태계 네트워크를 의미한다. 크리스텐슨(C. M. Chirstensen)은 그의 Innovator's Dilemma(1997)에서 와해형 혁신(disruptive innovation)을 가치 네트워크상 기존 사업가들이 속해있는 곳과 다른 지점을 공략하는 데에서 출발하는 혁신이라는 의미로 사용하기도 했다.

•• 옮긴이 주) 삼중 성과란, 전통적인 회계에서 기업의 성과를 기존에 재무 성과(financial)라는 단일 관점에서 측정해오던 방식을 넘어서, 사회(social)와 환경(environmental) 성과까지 포함한 3종의 성과를 함께 측정해야 한다는 취지로 개발된 개념이다. Bottom Line은 전통적으로 재무제표의 가장 아랫 줄에 표시되는 성과, 즉 최종 성과를 상징하는 표현이다.

였는데, 이는 모두 범용 기술 중심으로 이룩된 것이다. 그 다음 순서로 등장했던 (4차 산업혁명에 기반을 둔) 인더스트리 4.0은 사이버-물리-시스템과 만물 인터넷(IoT), 아울러 그밖에 이 개념과 관련해서 언급되는 여러 심화 기술에 초점을 두고 있다. 반면에 인더스트리 5.0은 사회와 환경 측면에서 타당한 가치들을 뒷받침하고 키우는 데 기반을 둔다는 면에서 차이가 있다.

인더스트리 5.0에 대해 예비적인 정의를 먼저 제시한 뒤 그 개념에 대해 토의하기 위해 유럽 전역으로부터 연구와 기술 조직을 대표하는 인사들이 참여한 가운데 2회의 가상 워크샵이 개최됐다: *인더스트리 5.0은 번영의 조성자로서 산업의 역할을 여전히 중시하지만, 산업 생산 행위가 행성 경계를 존중하고 산업 노동자의 인간다운 삶(wellbeing)을 생산 과정의 중심에 위치시킴으로써, 일자리와 성장이라는 목표보다 더 상위에 존재하는 사회적 목표를 달성할 능력이 있다는 사실을 최우선으로 강조한다.*

인더스트리 5.0 용어와 개념

참가자들은 우선 인더스트리 5.0이라는 용어와 개념 자체의 적정성에 대한 토론으로 워크샵의 첫 장을 열었다.

첫째, 만약 인더스트리 5.0이 인더스트리 4.0에서 타당했던 기술의 연장선 상에서 등장한 현상이라고 치면, 그동안 4차 산업혁명과 파생된 현상에 대해서도 마찬가지로 5차 산업혁명이라는 새로운 용어를 만들어야 할지도 모른다는 사실이 지적됐다.

그렇다면 answ가 다소 혼란스러워진다. 옛적에 산업혁명이 전개되는 데에는 수십 년이 소요됐었는데, 인더스트리 4.0이라는 표현은 기껏 2011년에야 처음 등장했다. 인더스트리 4.0이라는 신조어는 어느 정도 마케팅 목적으로 만들어진 것 같은 느낌이 있는데, 첫 등장 후 짧은 시간이 경과한 지금 인더스트리 5.0 운운한다면 그런 얄팍한 느낌이 재탕된다는 느낌을 피하기 어려울 것이다. 한편으로 기존 산업혁명과는 다른 경로에서 등장한 생물기반 변형(biological transformation)이나 양자 기술 분야에서 이룩된,[*] 진정 기술 주도형이라고 간주할만한 성과들은 전혀 별개의 산업혁명이라고 불러야 마땅할 것인데, 우리가 주류 산업혁명의 맥락에만 갇힌 채 이런 분야의 발전에 대해서 사회와 상태 측면의 가치에 중점을 두지 않아도 되는가 하는 의문이 제기될 수 있다.

둘째, 기술이 아니라 사회와 생태의 가치를 중심으로 인더스트리 5.0 개념을 새로이 정립하려고 한다면, 산업혁명 일반의 개념이 혼란스러워짐으로써 일종의 오해를 낳을 수 있다. 기술 능력 관점에서 이룩된 발전을 정치의 관점으로 몰아갈 가능성이 바고 그것이다. 가치의 개념, 특히 어떤 가치들이 중요하며 그 가치들을 어떻게 이해해야할 것인가 하는 문제는 세계 각지에서 그 접근 방식이 서로 다를 수 있다.

셋째, 인더스트리 5.0이 강조하는 사상과 개념 중 이미 인더스

• Müller, J. & Potters, L. (2019) Future technology for prosperity. Horizon scanning by Europe's technology leaders. https://op.europa.eu/en/publication-detail/-/publication/ae785b63-dba9-11e9-9c4e-01aa75ed71a1/language-en/format-PDF/source-107509475

트리 4.0에서 등장한 것들이 꽤 있다. 예를 들어서, 인더스트리 4.0은 태동시에도 인간·사회·생태의 관점을 지니고 잇었다. 더 나아가서, 고도로 개인화된 생산, 종종 '최소 단위 일괄처리(Batch Size One)'라는 표어로 대변됐던 대량 맞춤(mass customization) 개념은 인더스트리 4.0의 한 가지 중요한 특성이었다.[*] 하지만, 이 용어가 도입된 이래, '인더스트리 4.0'이라는 상표에는 경제적 편익을 주로 강조할 뿐, 인간·사회·생태에 대한 보다 광범위한 관점은 별로 드러내지 못했다. 그럼에도 불구하고 인간-기계-상호작용을 허용하는 기술, 예컨대 증강현실, 가상현실, 협업로봇 같은 것들은 인더스트리 4.0 개념의 일부로서 인간을 지원하고 가치를 생성할 목적으로 대륙 전반에 걸쳐 통용되어 왔다.

넷째, 인더스트리 4.0이 지금도 그 외연을 확장하고 있다는 사실은 특기할만하다. 특히 중소기업, 장인형 제조업체(craft manufacturers), 또는 전통 산업은 아직 인더스트리 4.0을 구현해야 할 여지가 많이 남아 있는 공간이다. 더 나아가서, 일부 기술은 독립된 상태로 구현이 가능하지만, 그 공급사슬의 수평적·수직적 통합은 대부분 산업에서 제한된 수준으로만 이루어지고 있다. 그러므로, 인더스트리 5.0의 어휘집에는 인더스트리 4.0에서 주목받지 못했던 기술들이 새로이 등장하기도 하지만, 반대로 인더스트리 5.0이 적용되는 일부 기술들은 아직 인더스트리 4.0

• Kagermann et al. (2013) Recommendations for implementing the strategic initiative INDUSTRIE 4.0. https://en.acatech.de/publication/recommendations-for-implementing- the-strategic-initiative-industrie-4-0-final-report-of-the-industrie-4-0-working-group/

단계조차 아직 밟지 못한 것들이 있다.

　요약하자면, 인더스트리 4.0에서 다루었던 개념들 몇 가지가 요즘 새로운 용어를 달고 재등장하고 있다. 인더스트리 5.0은, 인더스트리 4.0에 원래 포함되어 있었지만 지금은 잊혀진, 인간/가치-중심이라는 차원을 다시 수면 위로 끌어올린 개념이라고 말할 수 있다. 어쩌면 이는 한 참가자가 지적했듯이 '인더스트리 4.1'이라는 표현이 더 적합할지도 모르겠다. 2회의 워크샵을 마칠 즈음에, 참가자들은 인더스트리 4.0에 '가치'라는 차원을 덧붙여야 할 필요가 있다는 사실에 대해서만큼은 분명히 합의했다.

　참가자들은 인더스트리 5.0에 대하여 인더스트리 4.0을 대체하는 현상으로 이해해서는 안 되며, 인더스트리 4.0이 진화한 현상이자 논리적으로 연장된 개념으로 이해해야만 한다는 사실에 의견의 일치를 보았다. 인더스트리 5.0 개념 그 자체는 결코 기술 관점에 기반을 두는 것이 아니라, 인간 중심, 생태적, 사회적 편익과 같은 여러 가치를 중심으로 형성된 것이다. 이런 패러다임 이동의 근간을 이루는 사상은, 기술은 어디서나 모종의 가치에 맞추어 형성된다는 사실이다. 기술 전환은 사회의 니즈에 따라서만 설계가 가능하며 그 반대 방향은 성립하지 않는다. 가치가 창조되고 교환되고 유포되는 방식은 4차 산업혁명 이후의 사회 발전과 병행하면서 변화해온만큼 이 명제는 그만큼 중요하다. 더 나아가서, 인더스트리 5.0을 구성하는 기술들은 사회적, 생태적 가치를 강화하는 방향으로 설계된 하나의 시스템에 속한 하위 구성물로 간주해야 하며, 기술이 그 사회의 발전을 결정한다는 식으로 이해해서는 안 된다. 예를 들어서, 기술의 1차적 목표는 결코 현장에서 노동자들을 대체하는 데에 있는 거이 아니라, 노동자의 능력을 보강하고 보다 안전하고 만족스러운 노동 환경을 유도하는 데 두어야 한다. 인더스트리 5.0의 핵심을 이루는 기술들은 많은 경우 인더스트리 4.0과 일치하지만, 인더스트리 5.0의 저변은 인간 중심 기술에 보다 초점이 있다는 면에서 차이가 있다. 이 용어는 일본의 '사회 5.0(Society 5.0)' 개념과도 비교적 깊이 관련이 있는데, 사회 5.0은 인더스트리 4.0 기술과 병행하거나 그에 후속해서 이루어지는 사회 발전을 묘사하는 개념이다. 인더스트리 5.0은 인더스트리 4.0의 가장 두드러졌던 면모를 보완하고 확장한다. 그 핵심은 광범위한 가치 영역을 포함한다는 것, 특히 인간 중심 사고를 사회 중심 관점으로 확장하는 것에 있다. 이런 이유로 지배구조(governamce)의 필요성이 대두하고 그 복잡성 역시 한층 증가하는데, 이 점에 대해서는 제3절에서 다시 설명할 것이다.

두 차례 워크숍의 토론 결과, 인더스트리 5.0에서 특별히 주목할만한 특징은 다음과 같이 정리할 수 있다. 인간의 역량과 기술 역량을 결합시킴으로써 산업과 산업 노동자 모두에게 편익을 제공하되 결코 노동자들을 대체하는 것이 아니라 인간을 보완하는 역할을 해야 하고, 이때 인간은 문제 해결을 위해 창의력을 발휘하고 새로운 역할을 부여받으며 그 역량을 향상시킬 수 있다. 인더스트리 5.0의 배후에 있는 핵심 사상은, 순전히 기술적이거나 경제적인 관점의 성과를 낳는 기술만을 추구하는 것이 아니라, 인간의 가치와 필요를 어떻게 충족시킬 것인가라는 문제에 대해 윤리적 근거를 지닌 기술을 선택하자는 데에 있다. 인간-기계-상호작용, 인간 두뇌 용량과 인공지능의 결합, 또는 로봇·기계와의 협업 같은 기술들은 다양한 제품과 서비스를 제공하는 데에 사용할 수 있다. 이렇게 등장한 제품과 서비스는 고객 니즈에 맞춤형으로 제공되고 환경에 미치는 영향을 줄일 수 있으며, 폐쇄형 루프(closed loop),* 에너지 자급, 탄소 배출 중립성, 또는 순환경제와 같은 개념을 담을 수 있다.

인더스트리 5.0 개념은 코로나19 사태 이전부터 전개되어왔는데, 이미 부가가치의 자국내 생산과 기업의 리쇼어링(reshoring)** 을 다시 강조하고, 회복력, 최적화, 기업 지분의 본토 귀환 같은 현상에 더욱 무게를 두며, 린 생산의 원리(lean principle)나 생산성 중심 같은 논리 대신에 국가 역량(sovereign capability) 같은 개념을 부각하는 중요한 역할을 맡고 있었다. 리쇼어링을 위해서 정부 정책이 결정적인 역할을 하며 사업이 유럽 내에서 진행되도록 유인할 수 있는 매력적인 정책 틀이 만들어져야 한다. 혁신과 가치 창조는 수요와 니즈를 중심으로 이루어져야 하고, 여러 원리와 마인드셋과 리더십과 의사결정과 조직 간 장벽을 허물고 융합하며, 공유경제 등의 개념을 더욱 발전시키기 위해 조직과 사회 차원의 변화가 필요하다. 더 나아가 고객이 스스로 사용하는 기

● 옮긴이 주) 출력값을 목표값에 되먹임(feedback)함으로써 시스템의 작동과정이 스스로 조절되도록 설계된 제어시스템을 말한다.
●● 옮긴이 주) 저렴한 인건비나 규제 회피를 목적으로 해외로 이전했던 사업장 또는 생산기지가 본국으로 되돌아오는 현상을 말한다.

술과 제품에 대해 적절한 정보를 지닌 상태에서 의사결정을 할 수 있도록 함으로써, 기술 신뢰, 사이버보안, 그리고 데이터 보호의 수준이 더욱 높아져야 한다. 또한 개인들이 신기술을 신뢰하는 정도가 기술을 구사할 수 있는 능력과 더불어 상승하고, 공급 사슬 전반에 걸쳐 실질적 훈련을 통해 숙련도를 향상시킬 필요가 있다. 마지막으로, 이 시대를 지배하는 기술-결정론(techno-deterministic) 철학을 인간-결정론(human-deterministic) 사상으로 발전시키는 일이야말로 인더스트리 5.0 실현을 향한 첫걸음이다.

2

인더스트리 5.0을 구현하는 6대 기술

인더스트리 5.0의 구현 기술은 하나의 거대한 복잡 시스템과 같다. 예컨대 스마트 소재 같은 기술을 생물영감 내장(內藏, embedded) 센서와 결합시키는 복잡한 시스템이다. 다음에 열가하는 각 범주는 각각 여타 범주들과 결합함으로써 거대한 잠재력을 펼칠 수 있다.

(1) 개인맞춤형 인간-기계-상호작용

인간은 기술과 연결됨으로써 보강되며 인간의 혁신과 기계의 능력은 비로소 결합될 수 있다. 다음에 열거한 기술들은 인간의 신체 능력과 인지(認知)력을 한층 강화한다.

- 다양한 언어권의 발화(發話) 및 동작 인식, 그리고 사람의 의도에 대한 예측
- 종업원의 정신적, 신체적 긴장과 압박을 추적하는 기술
- 로보틱스: 인간과 함께 작업하거나 인간을 보조하는 협업로봇(cobot)
- 증강현실, 가상현실 또는 혼합현실 기술, 특히 교육훈련과 포용성*을 목적으로 하는 것들
- 인간의 신체 능력 향상: 외골격 로봇,** 생물영감(bio-inspired)*** 작업 기어 및 안전 장비
- 인간의 인지 능력 향상: 인공지능의 강점과 인간 두뇌의 강점을 연결하는 기술(예를 들어서 창의성을 분석 능력가 결합하는 것), 의사결정 지원 시스템.

(2) 생물영감기술과 스마트 소재

생물영감기술과 공정은 생물기반 변형(Biological Transformation) 개념에서 파생한 것인데, 예컨대 다음과 같은 특성들과 통합될 수 있다.

- 옮긴이 주) 포용성(inclusiveness): 사회적, 신체적 약자 또는 소수자의 공정한 참여와 활동을 가능하게 하는 것.
- •• 옮긴이 주) 외골격(exoskeleton, 엑스스켈레톤) 로봇: 신체에 착용함으로써 근력과 같은 신체 능력을 향상시키는 로봇 장비. 예를 들어 육체 노동자는 이 장비를 착용함으로서 자신의 신체 능력을 초과하는 무게를 수월하게 들 수 있고, 신체 장애인은 정상적인 신체 활동을 할 수 있으며, 노약자는 젊은 시절의 근력을 구사할 수 있다.
- ••• 옮긴이 주) 생물모방(bio-mimetics, bio-mimicry) 기술이라고도 한다. ESG청색기술포럼 이인식 대표의 '청색기술(blue technology)'은, 생물체를 포함한 다양한 자연현상을 두루 포함해서, 보다 넓은 의미의 자연중심 기술을 비유적으로 표현한 개념이다. 자세한 내용은 이인식 『자연은 위대한 스승이다』(김영사, 2012), 이인식 기획 『자연에서 배우는 청색기술』(김영사, 2013) 참고.

- 자기치유 또는 자기교정
- 무게 경감
- 재생 가능성
- 폐기물로부터 원재료 생성
- 생물-비생물 통합 소재(living material)[*]
- 적응형/반응형 인간공학과 표면 특성
- (원산지) 추적가능성을 내장한 소재

(3) 디지털트윈(digital twin)과 시뮬레이션

디지털트윈과 시뮬레이션 기술은, 예를 들자면 생산을 최적화하고, 제품과 공정을 테스트하고, 발생가능한 유해 효과를 탐지할 수 있다.

- 제품과 공정의 디지털트윈
- 가상 시뮬레이션과 제품·공정 테스트 실시(예를 들어서, 인간 중심 특성, 작업 및 운영 측면의 안전성)
- 다양한 규모의 동태적 모형 구축과 시뮬레이션
- 환경과 사회에 미치는 충격에 대한 시뮬레이션과 측정
- 유지보수 계획 수립

(4) 데이터 전송, 저장, 분석 기술

에너지 효율성과 보안성을 갖춘 데이터 전송, 저장, 그리고 분석

---

[*] 옮긴이 주) 생물 요소(박테리아, 세포조직 등)과 비생물 인공소재의 복합물.

기술이 반드시 필요한데, 이는 다음과 같은 특성을 갖추고 있어야 한다.

- 네트워크로 연결된 센서들
- 데이터와 시스템의 상호운용성
- 규모 확장이 가능한, 다층 사이버 보안
- 사이버 보안/ 안전한 클라우드 IT-하부구조
- 빅데이터 관리
- 추적가능성(예: 데이터의 원천과 관리기준 충족 여부)
- 학습 과정을 위한 데이터 가공
- 에지컴퓨팅(edge computing)[*]

(5) 인공지능

인공지능은 고수준의 상관관계 분석 기술일 뿐이라고 간주되는 경우가 종종 있었는데, 다음과 같은 몇 가지 관점에서 보다 심화, 발전할 필요가 있다.

- 상관관계(correlation) 뿐만 아니라 인과(causality) 관계도 다루는 인공지능
- 상관관계만으로 밝히기 어려운, 또 다른 관계와 네트워크 효과를 규명함

- 옮긴이 주) 컴퓨터 본체에서가 아니라 사용자 또는 데이터 입력자가 위치한 말단(edge) 지점에서 이루어지는 컴퓨터 작업을 의미한다. 예를 들어서 만물인터넷(IoT) 각 단말 지점의 센서 또는 입력 장치를 통해 이루어지는 데이터 입출력과 처리 과정 같은 것이 있다.

- 예측 불가능했던 조건들에 대하여, 인간의 도움 없이도 인공지능 스스로 반응할 수 있는 능력
- 떼 지능(swarm intelligence)[*]
- 두뇌-기계 인터페이스
- 개별 사용자에 초점을 둔 인공지능
- 고급 정보로 보완된 딥러닝(전문가 지식과 인공지능이 결합된 학습)
- 인간과 과업 사이에 짝을 맞춰주는 인공지능
- 시스템들로 이루어진 시스템(a system of systems) 내에서 원천과 규모가 상이한, 상호작용하는 복잡한 데이터를 대상으로 상관성을 찾아내고 다룰 수 있는 능력

(6) 에너지 효율성, 재생성, 저장과 자율운영(autonomy) 기술

앞에서 언급한 대다수 기술을 구현하려면 에너지가 대량으로 필요한데, 이때 탄소배출 중립성을 달성하기 위해서는 다음과 같은 기술과 특성을 갖추어야 한다:

- 여러 재생 에너지원의 통합
- 수소(水素)와 P2X(잉여에너지 전환·저장 시스템, Power-to-X) 기술을 지원함
- 스마트 더스트(smart dust)[**]와 에너지-자율관리 센서

- 옮긴이 주) 사람 세계에서 나타나는 집단 지능(collective intelligence)과 같은 현상이 생물 세계에서 나타난 현상. 예컨대 세때, 벌레때 등 군집을 이룬 생명체가 발현하는 질서나 패턴 같은 지능적 현상을 들 수 있다.
- 옮긴이 주) 극미세 센서들이 먼지처럼 뿌려져 있는 군집.

- 에너지를 적게 소요하는 데이터 전송과 분석 기술

3
도전 과제와 구현 수단

일반적으로 도전 과제와 구현 수단들은 다양한 기술과 조직의 측면에서, 정치와 공공 부문의 요인들, 그리고 지속가능성의 삼중 성과(Triple Bottom Line, 경제, 생태, 사회의 3가지 차원)라는 요인들을 아우르는 일종의 복잡 시스템 전반에 걸쳐서 존재한다. 그러므로, 다음에 거론하는 도전 과제와 실현 수단들은 복잡 시스템 안에서 해결해야 할 문제가 되며, 서로 강력하게 연결되어 있는 과제로 간주되어야만 한다.

사회 차원

- 사회가 기술을 수용하고 그것을 신뢰하는 문제는 참으로 중요하다. 그러므로, 어떤 신기술을 처음 적용할 때, 인간을 지원한다는 점을 부각해야지 결코 인간의 행로를 규정해버린다는 점을 강조해서는 안 되며, 어떤 기술의 근본 사상을 처음 정립하고 응용하는 과정에 사회가 참여할 수 있는 권리를 계속 유지해야 한다. 덧붙여 말하자면, 인공지능과 같은 신기술은 그 원리가 사람들 사이에서 충분히 이해가능해야 하

고 작동 과정이 투명해야 한다.

- 기술을 인간에 맞추어 적응시키기 위해서는, 사람들이 신기술을 활용하는 방법을 훈련받아야 한다. 인간 중심성은 결코 일방통행로여서는 안 된다. 그렇지 않으면, 기술은 그 잠재력을 충분히 발휘하지 못할 것이다.

- 인구 변화가 전개됨에 따라, 미래에 필요한 숙련 지식이 과연 무엇이 될지는 아직 알려져 있지 않지만 세대 간에 요구되는 숙련 지식 자체가 변화한다는 사실을 미리 알고 있어야 하며, 다가오는 노동력 부족 사태도 미리 예견하고 있어야 한다. 정책 담당가들은 재훈련과 평생 학습 개념을 제도화해야 한다.

- 청년 실업, 고령화 사회, 또는 양성 불평등과 사회적 불평등 같은 이 시대의 과제들은 각각 따로 떨어진 문제가 아니라 통합해서 해결할 문제들로 보아야 하며, 결국 사회와 산업 사이에 새로운 형태의 '뉴딜(a new deal)'*이 이루어져야 한다.

- 사회 구성원 간 이질성 때문에 사회는 어떤 가치와 필요에 우선순위를 두어야 할지에 대해 합의를 도출하기 어렵다. 사회의 상이한 부문마다 상이한 가치를 중시하고 고유한 필요

- 옮긴이 주) 역사적 사건으로서 뉴딜(the New Deal)은 1930년대 대공황기에 루스벨트 행정부가 추진했던, 사회, 산업, 금융, 농업 영역 전반에 걸친 통합적인 개혁 프로그램이었다. 오늘날에는 마치 대규모 재정 지출을 통해 사회와 경제 문제를 해결하는 정책인 것처럼 인식되어 있고, 특히 적자 재정을 통한 정부 지출이라는 측면이 불필요하게 과장된 면이 있지만, 그 본령은 20세기초 대기업과 금융자본이라는 전례 없는 사회 현상이 득세하면서 촉발된 사회 변화와 그에 따른 혼란을 수습하려는 데에 있었다. EU의 본 보고서가 사회와 산업 사이의 '뉴딜'을 말한 것도, 21세기 신기술과 새로운 사업모델 도입, 전례 없는 인구 변화에서 촉발된 사회 불안정성을 해결해야 한다는 당위성을 강조한 것이다. 이때 정부 지출은 그 한 수단 정도로서 의미가 있다.

를 지니고 있다. 연령, 성, 문화적 배경과 다양성 측면을 통합해서 고려해야 한다.

- 고객들에게 사회적, 환경적 가치의 중요성을 인식시키고 그들이 상품을 선택하고 지불의사를 표명하는 과정에서 이 가치를 함께 고려할 수 있도록 하기 위해서, 가치 사슬 모든 영역에 걸쳐 고객을 충분히 통합할 필요가 있다.

- 전통적인 의미에서 기업의 사회적 책임(CSR: Corporate Social Responsibility) 접근은 일종의 마케팅 접근이자 다소 전시용으로 활용된 느낌이 있었고, 여태껏 진정 충분한 규모로 실현된 적이 없었다. 규제를 통해 기업의 책임 있는 행동에 유인(誘因)을 제공함으로써 여론이 기업들로 하여금, 특히 중소기업 영역에서, 사회적 책임을 추진하도록 이끌 필요가 있다.

- 사회-중심성(socio-centricity)은 인간-중심성(human-centricity) 개념을 확장해서 묘사하는 개념이며, 개인의 필요 사항을 사회의 필요 사항으로 보완하는 것을 의미한다. 개별 종업원의 필요 사항은 전체 피용자, 고용주, 그리고 사회 전체를 아우르는 전체 노동력의 필요 사항에 통합되어야 한다.

- 장기적으로, 사회는 행성 경계를 무시할 수 없다. 따라서, 사회-중심성은 생태적 관점을 반드시 고려해야 한다. 이산화탄소 중립성 같은 환경 목표를 소홀히 하는 일이 없어야 하고, 예를 들어서 나노기술 또는 스마트 소재와 같은 영역에서 연구가 수행되어야 한다.

- 순환경제 접근법을 더욱 발전시키기 위해서, 그에 상응하는

비즈니스 모델과 접근법, 예를 들어서 이산화탄소 과세와 플랫폼 기반의 추적가능성·재활용·순환 기술을 구비해야 한다. 그 한 가지 선택가능한 대안으로서, 모든 제품이 이산화탄소 배출 기록을 갖추도록 함으로써 개인 및 회사의 이산화탄소 배출 기록을 입수하고 비교할 수 있도록 하는 방법이 있다.

- 환경에 미치는 영향을 정확히 계측하는 일은 매우 어렵고, 사회에 미치는 영향을 수량화하기는 더욱 어렵다. 환경 및 사회 가치가 얼마나 생성됐는지 측정하고 수량화하는 기술적 방법을 찾아내야 한다.

정부와 정치 차원

- 사회나 정부가 변화하는 속도는 기술변화의 속도를 따라잡지 못하는 경우가 많다. '애자일 정부' 접근이 필요한 이유가 여기에 있는데, 이런 접근은 반응성, 협업, 참여, 실험, 적응력; 그리고 정부 조직의 내부, 외부, 시장으로부터 오는 동기부여에 기반을 둔 결과지향적인 의사결정 등, 모든 영역에서 필요하다.

- 유럽의 산업과 생태계는 보다 높은 수준의 목적을 추구할 필요가 있는데, 이는 자원, 숙련, 원자재, 에너지 등과 관련해서 유럽이 추구해온 가치에 부합하기 위해서다. 지역이 추구하는 가치들의 고리*가 견고해져야만, 그 지역은 스스로 회

복력을 갖추고 생태적·사회적 가치를 보다 수월히 확보할 수 있다.

- 개별 국가와 산업은, 동태적 생태계 전체가 아니라 단지 개별 산업에 대해서만 지원을 집중하는 보호주의 노선의 위험이 있다. 그리고 어떤 기술은 그들이 기여하는 가치 때문이 아니라 순전히 보호주의 동기에 따라 육성 대상으로 선별되기도 한다. 그러므로, 혁신 정책을 설계하고 실시하는 과정에서 국가 또는 지역 전략은, 연구·기술조직과 중소기업이 적극적으로 역할을 수행할 수 있도록 더욱 광범한 시야를 갖출 필요가 있다.

- 개별 기술이나 부문이 아니라 생태계를 지원하는 시스템 지향적인 혁신 정책이 필요하다. 더 나아가, 한 정책은 여타 정책 또는 회사를 상대로 하는(아마 부정적인) 영향 관계에 기반을 두고 평가되어야 하는데, 이 영향 관계는 대개 복잡성 속에 파묻혀 잘 간파되지 않는다. EU는 시스템 지향적인 혁신 정책 평가를 수행할 수 있는 역량을 더욱 강화해야 하는데, 왜냐하면 그런 평가야말로 혁신 정책 수립 과정에서 증거기반의 분산형 지능을 활용할 수 있는 바탕이 되기 때문이다.

- 복잡한 기술·산업·노동시장 생태계는 전일적(全一的, holistic) 관점에서 파악해야 하고, 상이한 요구사항들을 통합하고 그

- 옮긴이 주) 원문에는 value chain으로 되어 있는데, 이 문단에서는 경영학에서 흔히 '가치 사슬'로 번역하는 value chain, 즉 원재료로부터 최종 소비자에 이르는 부가가치 창출의 연쇄 과정이라는 의미와 아울러, 도덕적 가치의 고리라는 이중(二重)의 의미로 사용됐다고 판단했다. 왜냐하면 본 절은 인더스트리 5.0을 정부와 정치 관점에서 다루는 절이며, 그 맥락상 국가 또는 지역 사회를 지탱하는 가치 체계를 의미한다고 보기 때문이다.

균형을 유지할 수 있는 지배구조(governance)를 확보해야 한다. 예를 들어서, 사회과학과 인문학(특히 윤리학), 그리고 노동시장에서 관찰되는 현상은 기술적 관점을 보완하면서 상위의 여러 가치들을 유지하는 데 기여해야 한다.

- 많은 회사들이 채택하고 있는 바, 생산성을 오직 경제적 관점에서만 바라보는 입장은, 생태적, 사회적 가치를 창출함으로서 이룩할 수 있는 생산성 증대라는 장기 지속가능성 관점과 균형을 이루어야 한다. 유럽 이외 지역이 주로 생산성을 추구하고 기술 중심으로 움직이고 있다는 사실을 감안하면, 유럽도 어느 정도는 단기 및 중기 관점에서 생산성과 경쟁력을 유지할 필요성 자체를 망각해서는 안 될 것이다.

다분야 지식 교류(interdisciplinarity)

- 다분야 지식 교류 접근법이 필요하며, 그 대상은 엔지니어링, 기술, 생명과학, 환경과학, 사회과학, 그리고 인문학이다. 한 가지 가능한 접근 방식은 연구 초기 단계부터, 예를 들어서 기술 연구에서 사회 과학을 응용하는 식으로, 이종 분야 간 지식을 적용하는 것이다. 기술이 지닌 고도의 복잡성 때문에, 그런 이종 지식의 관점을 빌려서 분석하지 않으면 보안, 안전, 또는 수용 측면에서 그 기술의 부정적인 영향을 막지 못하거나 기술의 실시가 지체될 수도 있다. 하지만 어떤 경우라 해도 신속한 행동은 당연히 필요하다.

- 다분야 지식 교류와 복잡성 문제는 시스템 사고로 접근해야 하는데, 그 가운데 '여러 시스템이 모여 이루어진 사이버-물리 시스템(cyber-physical systems of systems)' 같은 접근법이 있다. 여러 시스템들이 모여 이루어진 시스템(a System of Systems)으로 대상을 분석할 때에는 동태적으로 상호작용하는 다양한 규모의 시스템 사이의 상호관계를 모형으로 구축해야 한다. 이런 방식의 모형 구축은 여러 면에서 매우 어려운 과제가 될 수 있다. 왜냐하면 그 규모 및 관련 데이터의 방대함은 물론이고 상이한 산업과 연구 분과마다 나타나는 경로의존성(path dependencies)*을 내포한 각양각색의 시스템들이 광범위하게 존재하기 때문이다.

- 인더스트리 5.0은 제조업 이외에도, 생명과학, 헬스케어, 농업, 식품, 에너지와 같은 부문을 대상으로 한다. 더 나아가, 정부, 소비자, 사회까지도 그 대상에 포함해야만 사회에서 수용될 수 있는 조건을 비로소 갖출 수 있다. 특히 생물기반 변형을 통해 사회는 새로운 가치를 실현할 수도 있지만, 이는 '산업'이라는 용어와는 직접적인 관련이 없다.

- 인공지능이 연구와 설계 과정에 포함될 필요가 있고, 복잡성 시스템이 작동하는 서로 다른 연구 분과마다 요구하는 조건들을 통합할 수 있어야 한다. 특히, 여러 종류의 변수 간 상호관계와 인과관계는 끊임 없이 변화하는 동태적 네트워크로

- 옮긴이 주) 어떤 시스템에서 투입 변수의 작은 변화가, 이후 그 시스템의 경로를 질적 또는 양적으로 전혀 상이한 경로로 분기(bifurcation)시키는 속성을 말한다.

이해해야 한다.

경제 차원

- 비즈니스 모델은 생태적, 사회적 가치를 반영하는 구조로 개발할 필요가 있는데, 이는 예를 들어서 고객의 지불의사 뿐만 아니라 사회적, 환경적 가치가 그 비즈니스 모델의 편익에 포함되도록 하는 구상이나 탄소배출권[*] 입법 등을 통해 가능하다. 기업은 수익을 창출해야 할 의무가 있다. 수익 창출에 주안점을 둔 비즈니스 모델은 그 외의 목적으로도 보완되어야 하는데, 이는 디지털 플랫폼 및 회사, 공공기관, 고객을 포함한 복수의 이해관계자들을 통합하는 생태계를 도입함으로써 가능하다.
- 생산성은 경쟁력을 유지하기 위해 꼭 필요하다. 경제적, 사회적 가치 창출은 경쟁력을 유지하는 데 중요한 요인으로서 나날이 더 주목받고 있다. 그러므로, 회사는 경제 차원을 간과해서도 안 되고 경제적 목표를 외면해서도 안 된다. 그렇지 않을 경우, 마케팅 지향적인 전시용 행동만이 남게 되고 많은 기업들이 본연의 경제적 의무로부터 점점 멀어지게 된다.
- 기존에 통용되던 경제적 고려 사항과 다른, 새로운 철학으로 뒷받침되는 대규모 투자가 필요하다. 사모투자자들(PEFs:

- 옮긴이 주) 원문의 CO_2 Certificates는 Certified Emission Reductions과 사실상 같은 의미이며, 가장 일반적으로 사용되는 번역어인 탄소배출권으로 옮겼다.

Private Equity Funds)이 사회적, 환경적 부가가치를 추구할 수 있
도록 유도하는 방안을 모색해야 한다.

- 이런 맥락에서, 공공-민간-파트너십은 사업과 정책이 서로
대화할 수 있는 제도적 통로로서 적절한 대안이 될 수 있다.

확장성

- 인더스트리 4.0 기술 중 많은 것들이, 특히 중소기업 내지 전
체 가치사슬 영역에서, 아직도 완전히 구현되지 못하고 있
다. 더욱이, 혁신 경영과 R&D 투자는 중소기업 또는 전통 산
업 부문에서 여전히 충분치 않으며 표준화도 미흡하다. 좁
은 영역에의 사업에만 적용되는 하이테크뿐만 아니라 전산
업 또는 중소기업 영역에서, 이 기술들이 광범위하게 실현될
수 있도록 정책 지원이 이루어져야 한다. 이를 보다 심화하
기 위해서, 산업간 연합과 산업 부문 대표들의 광범한 연대
가 이루어져야 한다. 노동자의 숙련과 아울러 리더십과 경영
능력도 함께 개발되어야 한다.

- 전체 산업과 생태계는 신기술에 대한 시스템적 관점에서 접
근해야 한다. 입법 기구와 정책 수립 기관은 물론이고 선도
기업, 추종기업, 중소기업, 연구·기술조직까지도 망라해서,
전체 생태계는 일종의 시스템으로 이해되고 지탱되어야 한
다. 신기술은 비록 저수준 기술 상태에 있을지라도 한 생태
계 안에서 완전히 실현되는 것만으로도, 단일 기술이 고립된

상태에서 구현됐을 때보다 더 큰 편익을 창출할 수 있지만, 결국은 더 넓은 영역으로 확장 되어야만 한다.

4

목표와 기술적 구현 수단, 해결 과제

인더스트리 5.0개념과 관련된 목표, 기술적 구현 수단, 그리고 해결해야 할 과제들이 지닌 주요 특성들은 그림 1에 요약했다.

참가자들은, 신기술을 매개로 유럽의 가치에 기여하기 위해서는 반드시 사회적, 생태적 필요 조건들을 통합해야 한다는 사실에 동의했다. 그러나, 그런 접근을 위해서는, 사회 내 부문마다 가치와 필요 조건들을 이질적으로 인식하고 있다는 사실을 존중해야 하며, 한편으로 환경적, 특히 사회적 가치를 측정하고 수

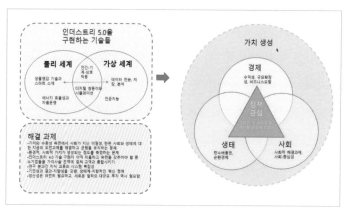

그림 1 **인더스트리 5.0 개념과 주요 특성**

량화하는 작업은 여전히 어려운 과업으로 남아 있다는 사실을 알아야 한다.

생명과학 기술이 엔지니어링 또는 정보기술과 결합할 때 시스템 혁신이 필요한데, 이는 상이한 관점들을 통합하면서 생태계 전체를 시스템이라는 시각으로 바라보는 혁신이어야 한다. 더 나아가, 그렇게 생성된 시스템들은 고도의 복잡성과 상호관계와 상호의존성을 띠고, 이질적인 복수의 데이터들을 다루어야 할 운명에 처할 것이다.

생산성이나 경쟁력 같은 경제적 목표를 결코 무시해서는 안 되지만, 어디까지나 생태적, 사회적 가치가 합의된 상태에서 그 목표를 설정해야 한다. 이 과업은 새로운 비즈니스 모델, 그러니까 생태적, 사회적 가치창출이나 입법을 통해 기업을 생태적, 사회적 목표로 이끄는 정책에 높은 가치를 부여하는 새로운 비즈니스 모델을 통해서 성취할 수 있다.

이 시스템이 지닌 복잡성과 기술적 과제들을 전제했을 때 그로부터 나오는 다양한 용어세부 과업들은 별도로 치더라도, 무엇보다도 사회 전체와 일군(一群)의 산업들이 그런 개념 아래 통합되어야 한다. 즉, 번영을 목적으로 하는 여러 행동과 그에 수반하는 가치 생성이 가능하도록, 고객과 전체 공급 사슬, 중소기업에 이르기까지 모든 주체들이 보다 원활히 통합되어야 한다.

Christine Balch, TNO | Cecilia Bartolucci, NRCI | Martin Buncek, TACR | José Cotta, EC | Adrian Curaj, UEFISCDI | Ernest Cutuk, EC | Lars de Nul, EC | Steven Dhondt, TNO | Peter Dröll, EC | Erik Drop, TNO | Anne Marie Engtoft Larsen, WEF | Christopher Frieling, FHG | Harry Heinzelmann, CSEM | Ragnar Heldt Nielsen, GTS | Martin Huemer, EC | Ann Hultin Stigenberg, RISE | Marcin Kardas, Centrum Łukasiewicz | Lene Lad Johansen, SINTEF | Maija Locane, EC Lars Montelius, INL | Gearois Mooney, Enterprise Ireland | Julian Müller, Salzburg University of Applied Sciences | Tom Munters, Flanders Make | Saeid Nahavandi, Deakin University | Athanasios Petridis, EC | Anton Plimon, AIT | Abishek Ramesh, INNOVATEUK, UKRI | Filomena Russo, EC | Inaki San Sebastian, Tecnalia | Leena Sarvaranta, VTT | Bjørn Skjellaug, SINTEF | Axel Steuwer, University of Malta | Erika Tauraitė-Kavai, MITA | Dirk Torfs, Flanders Make | Sophie Viscido, EARTO

2부

인더스트리 5.0의
10대 기술

1

Human-Machine-Interaction(HMI)
사용자 중심의 지속가능한 인간 기계 상호작용

이경전

경희대 교수. 빅데이터 연구센터 소장. AI & BM Lab지도교수.

사용자중심인공지능포럼(UCAIFORUM.org) 연구원장. 한국경영정보학회 부회장 및 AI연구회 회장. 미국인공지능학회(AAAI: American Association for AI) 혁신적인공지능응용상(Innovative Applications of AI) 1995, 1999년, 2020년 수상. 2018년 전자정부유공자 대통령표창. 국제전자상거래연구원장, 한국지능정보시스템학회 회장(2017) 역임. 2021-2023년 한국AI스타트업 100 선정위원장. 2022년 3월, 한국공학한림원 회원으로 선출. KAIST 경영과학 학·석·박사 졸업, 서울대 행정학 석·박사를 수료했다. CMU 로보틱스 연구소 초빙과학자(1996-97), MIT(2009-10)와 UC버클리(2010) Fulbright 초빙교수로 연구하였으며, AI Magazine에 논문 세 편을 게재하는 등 국제학술지에 40여 편의 논문을 발표했다. 인공지능과 디지털 비즈니스 모델 등을 연구한다(한국연구재단 중점연구소).

1

인간과 컴퓨터, 대화 형식의 상호작용

2022년 11월 30일에 출시된 ChatGPT는 인간 기계 상호작용에 있어 혁명을 불러왔다. 진정으로 인간이 기계와 대화로 상호작용할 수 있게 된 것이다. 물론 아직은 불완전하다. 그러나, 어쩌면 인류 역사상 최초로 인간 중심으로 기계와 상호작용하는 것이 가능하게 된 것이다. 인간은 기계, 즉 컴퓨터와 키보드로 상호작용해왔고, 지금도 그러하다. 키보드는 인간보다는 기계를 위한 인터페이스다. 인간이 키보드에 익숙해져야만 사용할 수 있는 것이다. 이후 마우스가 나왔고, GUI(Graphic User Interface)로 컴퓨터와 인간이 상호작용하게 되었다. 파일을 지우기 위해서는 마우스로 파일의 아이콘을 끌어다가 휴지통 모양의 아이콘으로 보내면 지울 수 있게 되었다. 그러면, 휴지통이 불룩해졌다. 지운 파일을 다시 살리고 싶으면, 불룩해진 휴지통 아이콘을 마우스로 클릭하여 다시 살릴 수 있었고, 그러면 불룩했던 휴지통은 다시 홀쭉해졌다. 애플의 매킨토시가 처음으로 그러한 모습을 선보였다. 인간은 그림(그래픽)으로 컴퓨터와 상호작용할 수 있게 되었다.

그래픽 사용자 인터페이스에 터치스크린이 응용되면서, 인간은 기계의 화면을 직접 만지면서 상호작용하게 되었다. 이른바 Touch 인터페이스가 시작되었다. 전조는 여러 번 있었으나, 애플의 iPhone이 이를 완전히 대중화시켰다. 현대인들은 스마트폰의 화면을 너무 많이 터치하는 바람에 지문이 닳아 없어질 지경이다. 이제는 스마트폰 사용을 위한 골무까지 나오고 있는 상황이다.

터치스크린에 기반한 인간 기계 상호작용에 이어 다음의 상호작용 기술은 무엇일까? NFC(Near Field Communication)기술도 나왔고, BLE(Bluetootch for Low Energy)기술도 나왔다. 그러나, 키보드-마우스-터치스크린으로 이어지는 주류적 변화를 가지고 오지는 못했다. 컴퓨터와 대화(Conversation)로 상호작용한다는 아이디어는 오랜 기간 동안 시도되어 왔고, 영화 HER나 아이언맨의 J.A.R.V.I.S.로 예고되어왔으나 좀처럼 실현되지 못하고 있었다. 스티브 잡스는 애플의 iPhone 4S에 시리를 도입하였으나, 사람들은 대화로 아이폰과 상호작용하는 것으로 옮겨가지 못했다. 구글 역시 안드로이드에 어시스턴트를 도입했으나, 시리와 마찬가지의 결과를 가져왔다. 그런 과정에서 OpenAI의 ChatGPT가 이 모든 것을 바꿔놓게 되었다.

기계와 대화로 상호작용하려면 기계가 인간의 대화의 문맥을 이해하여야 한다. 문맥을 어떻게 이해할 수 있을까? 현재는 Transformer(Vaswani et al. 2017) 라는 기술이 그것을 어느 정도 가능하게 해주고 있다. Transformer 모델은 Attention(주의집중)이라는 메커니즘(Bahdanau, Cho, & Bengio 2016)을 도입한 인공신경망 모델이다. 대화와 같이, 순서가 있는 데이터를 기반으로 하는 인공신경망 모델은, 트랜스포머 모델의 발명 이전에는 RNN(Recurrent Neural Network)이라는 기법으로 모델링 되어왔는데, 2017년 구글의 연구자들이 발표한 트랜스포머는 어텐션 스코어를 한꺼번에 계산하는 방식으로 하여, RNN보다 계산의 효율성을 극적으로 향상시켰다. 학습 초기에는 예측 결과가 좋지 않겠지만, 학습을 반복해 나감에 따라 가장 적절해 보이는 예측 결과를 출력하도록 계속 인공신경망의 파라미터들을 학습시키는 모델이다.

OpenAI의 ChatGPT는 구글이 발표한 트랜스포머 모델에서 디코더 부분만을 취한 반쪽 모델을 GPT(Generative Pre-Trained Transformer)라는 이름을 붙여 GPT-1(Radford et al. 2018), GPT-2(Radford et al. 2019), GPT-3(Brown et al. 2020), GPT-3.5(2022), GPT-4(2023)으로 발전시켜왔으며, GPT 3.5는 파라미터의 수가 1750억 개, GPT-4는 1조760억 개로 추정되고 있는 초거대 인공신경망이다.

GPT-4는 32768개의 토큰(영어 단어로 약 25000단어, 한국어 단어로 약 20000단어)을 입력으로 받을 수 있는 기계로, 인간이 GPT-4라는 기계와 상호작용하는 것은 한국인의 경우 약 20000단어를 입력으로 줄 수 있는 것을 의미한다. 즉, 인간은 이제 기계와 수만 단어로 상호작용할 수 있게 되었다. 이것은 매우 당황스러운 환경의 변화다. 갑자기 기계와 대화가 가능해지게 되었는데, 대화가 가능해지자마자 기계와 수만 단어로 대화할 수 있게 되어 오히려 인간이 자신의 능력에 좌절감을 느끼는 상황이 갑자기 되어버린 것이다.

인간들은 이러한 상황에 당황하지 않고, 대응하고 있는데, 그것이 바로 프롬프트 엔지니어링이다. 영어 기준으로 인간에게 25000단어로 이루어진 질문을 할 수 있는 상황에서, 인간들은 인간 세계에서 나눌 수 있는 대화의 수준에다가 자동으로 질문을 보완하는 단어들과 명령어를 첨가함으로써, 컴퓨터에 더욱 정교한 질문과 명령을 하는 것을 시도하고 있다. 그리고, 컴퓨터가 대답한 내용을 자동으로 가공하여 인간에게 제공하는 형태로 서비스가 진화하고 있다.

즉, 인간과 컴퓨터의 상호작용이, 1) 인간과 컴퓨터의 상호작용, 그리고 2) 컴퓨터와 인공지능의 상호작용으로 나누어져서 계층적으로 진행되고 있는 것인데, 이러한 계층화는 점점 더 심화될 것이다. 즉, 인간과 컴퓨터 간의 상호작용을 위해, 그 중간에 컴퓨터와 컴퓨터 간의 복잡한 상호작용이 내재되게 될 것이라는 점이다. 그런데, 이 모든 것이 인간의 대화를 닮은 모습으로 진행된다는 것이 OpenAI의 ChatGPT가 가져온 혁명이다.

2
인간과 컴퓨터의 대화, 프라이버시가 필요

우리 인간과 인간의 대화를 상상해보자. 오늘 당신이 다른 사람들과 나눈 대화는 모두 공적인가? 다른 사람에게 공개되어도 되는 대화를 했는가? 그렇지 않을 것이다. 그렇다. 많은 대화는 사적이다. 우리가 나눈 대화가 언젠가는 다 공개되어야 할 내용이라면, 우리는 좀처럼 대화를 하지 않고 입을 다물게 될 것이다. 인간과 컴퓨터 간의 대화도 마찬가지다. 인간과 컴퓨터 간의 대화가 사적이려면, 그 대화 상대인 컴퓨터가 저 멀리 OpenAI나 Naver 클라우드 같은 서버에 있는 인공지능 컴퓨터가 아니라, 내스마트폰이나 랩톱 컴퓨터에 설치되어 있는 인공지능 시스템이어야 하는데, 이것이 가능한가? 결론부터 말한다면 불가능한 일이 아니다.

사실 현재 ChatGPT, GPT-4 수준의 인공지능 시스템은 몇 년이내에 충분히 우리의 컴퓨터에 설치될 수 있는 수준의 것이다. 현재 OpenAI는 그러한 비즈니스 모델을 추구하고 있지는 않다. 그러나, 메타의 LLaMA(Touvron et al. 2023), 이를 활용한 스탠포드대의 알파카(Taori et al. 2023), 비쿠나(Chiang et al. 2023), Stability.AI의 StableLM이나 MosaicML의 MPT 등 이른바 s-LLM(Small Large Language Model)은 일반 사용자의 컴퓨터나 스마트폰에 설치하여 사용하는 인공지능 비즈니스 모델을 추구한다. 현재 OpenAI

의 GPT 시리즈나 네이버의 하이퍼클로바 시리즈와 같은 Closed Source Large Language Model이 몇 년 후에 설치형으로 콤팩트화될 수도 있고, 라마나 스테이블LM, MPT 등의 OpenSource s-LLM이 충분한 성능을 보여주면서 설치형으로 정착할 수도 있다. 어떤 경우든 우리는 몇 년 안에 내 랩톱 컴퓨터나 스마트폰에 장착된 인공지능과 사적인 대화를 하는 행복을 누릴 수 있게 될 것이다. 이 경우 모든 서비스의 형태는 에이전트 기반의 서비스가 될 것이다. 즉, 인간은 자신의 인공지능 에이전트와 사적인 대화를 통한 상호작용을 하고, 그 인공지능 에이전트는, 주인님인 나 대신에 여러 다른 인공지능 에이전트와 사적, 공적인 대화를 통한 상호작용을 하게 될 것이다.

3

연합학습 기술 사용

이러한 상황에서 각 인공지능 에이전트는 어떻게 자신의 성능을 높일 것인가? 그것을 가능하게 하는 기술이 연합학습(Federated Learning)이다. 모든 개인은 사생활 보호를 위해 로컬에 있는 인공지능 에이전트와 대화한다. 이 과정에서 대화는 이 에이전트들의 지능 향상을 위해 학습데이터로 활용될 수 있으나, 그 대화 데이터가 한곳에 모여서 저장되면 프라이버시 침해와 데이터 자산의 공개, 고객 정보의 유출 등 여러 문제가 발생할 수 있다. 사용자와 인공지능 에이전트 사이의 대화는 로컬 컴퓨터를 떠나지 않으면서, 인공지능 에이전트 공급사 또는 플랫폼사가 AI 모델을 사용자 로컬 컴퓨터에 보내서 로컬에서 학습을 시킨 후 그 학습된 파라미터를 가중 평균하여 글로벌한 인공지능 모델을 구축하는, 이른바 개인화된 연합 학습(Personalized Federated Learning) 형태로 진행할 수 있다(Tan et al. 2022).

이렇게 할 경우 사용자는 자신의 대화 데이터를 노출하지 않을 수 있게 되므로, 사용자의 프라이버시, 보안성이 강화되고, 자신의 데이터를 플랫폼에 빼앗기지 않을 수 있으므로 사용자와 플랫폼 간의 데이터 소유 불균형이 더 심해지지 않으므로 생태계의 지속 가능성과 강건성을 높이게 될 것이다. 또한 이렇게 되면 사용자들은 자기의 로컬의 데이터를 더욱 소중하게 가꾸는 일을 하게 될 것이다. 이른바 모델 중심의 AI가 아닌 데이터 중심(Data-Centric)의 AI를 하게 되며, 데이터 부족과 AI 전문가 부족에 시달리는 개인이나 소상공인, 개인사업자, 중소기업에게는 이러한 방식이 희소식이 될 것이다. 즉, 연합 학습 기술은 디지털 디바이드, AI 디바이드, 데이터 갭을 줄여서 디지털 AI 생태계에 지속가능성을 높이는데 기여한다. 또한 개인은 자신의 데이터에 특별히 FineTuning된 로컬 AI 모델을 가질 수도 있게 되므로, AI 모델이 획일적이지 않게 되어 AI 모델의 다양성을 생태계가 가지게 되고, 앞서 설명한 것처럼, 개인과 플랫폼 간의 데이터 보유에 균형이 생겨서, 개인을 Empowering하는 결과에 기여하게 된다. 이른바, 인간 중심의 인공지능, 사용자 중심의 인공지능

(UCAI: User-Centric AI)이 되는 것이다. 이렇게 LLM을 연합학습과 결합하는 시도는 중국 텐센트(Tencent)의 위뱅크(WeBank)가 계속 개발해온 연합학습 프레임워크인 FATE에 LLM을 결합하는 시도가 있고, DynamoFL, FedML 등의 회사가 있으며, 사용자 중심 인공지능 포럼(UCAIFORUM.org)에서 연구하고 있다.

연합학습 방법론은 인간과 컴퓨터 간의 상호작용 데이터에도 활용되지만, 인간이 생성하는 모든 데이터에도 적용되어야 할 것이다. 인간의 몸은 순간순간 계속 데이터를 산출하고 있다. 독점 플랫폼 중심의 사고 방식에서는 이러한 모든 인간 데이터가 플랫폼에 저장되는 것을 가정한다. 그러나, 이러한 것은 인간 중심, 사용자 중심의 방법이 아니라 독점 플랫폼 중심의 방법이다. 대부분의 헬스케어 서비스 플랫폼도 사용자, 환자, 고객의 모든 생체 데이터를 자신의 서버에서 관리한다는 패러다임에서 벗어나지 못하고 있다. 이것은 연합학습 방법론이 2016년 구글에 의해서 지원되고 개발(Konečný et al. 2016; McMahan et al. 2017)되기 이전이라면 어쩔 수 없는 일이다. 그러나, 이제 이미 연합학습 방법론이 나왔고, 그 응용이 계속 Nature 등의 세계 최고 학술지에 보고되고 있는 현실을 볼 때(Bai et al. 2021), 독점 플랫폼 중심의 방법론은 좀 더 인간 중심, 사용자 중심의 지속가능성을 높이는 민주적 플랫폼 방법론에 의해 대체될 것이다.

개인이 컴퓨터와 많은 대화를 나눈 데이터이든, 개인의 생체 데이터이든, 개인의 행동 데이터이든 이 모든 개인 데이터들은 이제 개인의 소유와 관리에 둘 수 있어야 한다. 그것이 인간 중심, 사용자 중심의 인간 기계 상호작용일 것이다.

4

대화 → 거래, 거래 → 자동 행동
– 인간 기계 상호 작용이 에이전트화(化)

ChatGPT로 대표되는 현재의 초거대 인공지능 서비스는 주로 인간과 컴퓨터 간의 대화로 이루어지지만, 점차 대화는 거래로 변화될 것이다. 아마존, 이베이, 인터파크, 쿠팡 등으로 대표되는 기존의 전자상거래는 대화형 전자상거래로 변모하여, 이제는 인터넷이 아닌 인공지능 그 자체가 거래를 촉진하게 될 것이다. 그런데, 그러한 시간도 잠깐뿐. 인간은 컴퓨터, 즉, 기계에게 자동 행동을 요구할 것이다. 그것이 오랫동안 논의되어 온 에이전트화이다(이경전 1999, Jin, Suh, & Lee 2003; Jin & Lee 2001; Lee, Chang, & Lee 2000). 인간은 인공지능 에이전트에게 대화로 명령한다. 그런데, 어떤 일의 단위에 관한 명령을 주는 것이 아니라, 큰 목표를 줄 수 있다. 인간으로부터 목표를 부여받은 인공지능 에이전트는 자신의 목표를 하위목표로 나누고, 이 하위 목표 각각을 달성하는 일의 순서를 계획하고, 이를 최적의 자원 활용과 순서로 실행한다. 이러한 미래를 지금 보여주는 것들이, AutoGPT, AgentGPT와 같은 사례다.

마이크로소프트 창업자 빌 게이츠는 미래의 최고 기업은 AI를 활용한 Personal Digital Agent를 만드는 회사가 될 것으로 예측하면서[*], Personal Digital Agent는 사람을 대신해 특정 일을 수행할 수 있는 AI 개인비서를 가리키는데, AI가 개인비서 형태로 발전한다면 구글 같은 검색 사이트와 아마존 같은 사이트를 번거롭게 직접 방문할 필요 없이 AI Agent가 모든 것을 알아서 처리할 것으로 예상하기도 했다. 빌 게이츠는 Inflection AI라는 회사를 주목하고 있다고 했는데, 이 회사는 AI 개인 비서를 개발 중인 스타트업 구글 딥마인드 임원 출신의 무스타파 술레이먼과 링크드인 설립자 리드 호프먼이 공동 창업한 스타트업으로 대화형 개인비서인 Pi(파이)를 2023년 5월에 출시하였다. Pi는 Inflection AI가 자체 개발한 LLM을 기반으로 만들어졌으며 단순히 질문에 대답하는 것이 아닌 개인적인 문제에 대한 대화와 조언 등 인간과의 상호작용을 위해 만들어진 생성 AI로 Inflection AI는 현재 세계 정보에 접근할 수 있는 방법이 될 생성 AI를 개발하고 있으며 개인의 온라인 구매, 예약 같은 일을 돕는 데 최적화된 AI 비서를 만드는 것이 목표라고 밝히고 있다.

인간은 삶의 의미를 찾으며 동시에 즐거움을 추구하며 살고 있다. 인간은 다른 동물과 달리 도구를 사용하며, 지금까지 인간이 개발한 가장 강력한 도구는 기계, 특히 컴퓨터와 연결된 기계이고, 인간과 대화로 작동할 수 있는 기계이다. 이러한 기계와 상호작용할 때, 인간 중심으로, 유연하면서도, 어디에 치우침이 없

- https://www.aitimes.com/news/articleView.html?idxno=151273, https://www.goldmansachs.com/intelligence/pages/bill-gates-on-the-ai-revolution.html

이 지속 가능한 상호작용을 한다는 것은 이상(Ideal)과도 같은 것이다. 그러한 이상에 도달하기 위해 인류는 끊임없이 노력해왔고, 최근 ChatGPT 등 생성형 AI, 대화형 AI의 발전은 인류의 이상에 갑자기 몇 발자국을 앞당기는 큰 성과이다. 이러한 기술은 이제 연합 학습과 같은 인간 사용자와 조직의 데이터를 보호하는 동시에 인공지능 성과를 높이는 방법론과 결합하여 인간 중심의 기술로 발전할 수 있게 되었다. 그리고 이렇게 발전된 기술은, 인간이 많은 일들을 기계라는 에이전트에 맡길 수 있는 수준을 실현할 수 있게 하고 있다.

인간에게는 새로운 능력이 요구되고, 새로운 임무가 부여된다. 인공지능 기계와 더욱 전문적으로 커뮤니케이션하면서 일의 성과를 높이는 능력을 갖출 필요가 생긴다. 예를 들어, GPT-4에게 20000단어로 이루어진 명령을 효율적, 효과적으로 내릴 수 있는 능력이 필요한 것이다. 그리고, 그렇게 빠르게 일하고, 콘텐츠를 생성하는 AI의 결과를 잘 평가할 수 있는 인간으로서의 지식과 능력, 지혜, 감각이 필요한 것이다. 이러한 능력은 이제 인간의 임무와 책임으로 연결될 것이다. 근미래에 인간은 쉴 때, 인공지능에게 일을 시켜야 하는 공식적, 비공식적 책임과 임무를 부여받게 될 것이다. 인공지능을 잘 사용하는 능력을 갖추어야 하며, 인공지능에게 일을 잘 시키는 새로운 책임을 부여받게 되는 것이다.

참고 문헌

Vaswani, A., Shazeer, N., Parmar, N., Uszkoreit, J., Jones, L., Gomez, A. N., Kaiser, L., & Polosukhin, I. (2017). Attention Is All You Need. arXiv:1706.03762

Bahdanau, D., Cho, K., & Bengio, Y. (2016). Neural Machine Translation by Jointly Learning to Align and Translate. arXiv:1409.0473.

Radford, A., Narasimhan, K., Salimans, T. & Sutskever, I. (2018). Improving language understanding by generative pre-training.
https://openai.com/research/language-unsupervised

Radford, A., Wu, J., Child, R., Luan, D., Amodei, D. & Sutskever, I. (2019). Language models are unsupervised multitask learners,
https://cdn.openai.com/better-language-models/language_models_are_unsupervised_multitask_learners.pdf

Brown, T. B., Mann, B., Ryder, N., Subbiah, M., Kaplan, J., Dhariwal, P., Neelakantan, A., Shyam, P., Sastry, G., Askell, A., Agarwal, S., Herbert-Voss, A., Krueger, G., Henighan, T., Child, R., Ramesh, A., Ziegler, D. M., Wu, J., Winter, C., Hesse, C., Chen, M., Sigler, E., Litwin, M., Gray, S., Chess, B., Clark, J., Berner, C., McCandlish, S., Radford, A., Sutskever, I., & Amodei, D. (2020). Language Models are Few-Shot Learners. arXiv:2005.14165

Touvron, H., Lavril, T., Izacard, G., Martinet, X., Lachaux, M-A., Lacroix, T., Rozière, B., Goyal, N., Hambro, E., Azhar, F., Rodriguez, A., Joulin, A., Grave, E., & Lample, G. (2023). LLaMA: Open and Efficient Foundation Language Models. arXiv:2302.13971

Taori, R., Gulrajani, I., Zhang, T., Dubois, Y., Li, X., Guestrin, C., Liang, P., & Hashimoto, T. B. (2023). Alpaca: A Strong, Replicable Instruction-Following Model,
https://crfm.stanford.edu/2023/03/13/alpaca.html

Chiang, W.-L., Li, Z., Lin, Z., Sheng, Y., Wu, Z., Zhang, H., Zheng, L., Zhuang, S., Zhuang, Y., Gonzalez, J. E., Stoica, I., & Xing, E. P. (2023, March). Vicuna: An Open-Source Chatbot Impressing GPT-4 with 90%* ChatGPT Quality. https://lmsys.org/blog/2023-03-30-vicuna/

McMahan, H. B., Moore, E., Ramage, D., Hampson, S., & Agüera y Arcas, B. (2017). Communication-Efficient Learning of Deep Networks from Decentralized Data. Proceedings of the 20 th International Conference on Artificial Intelligence and Statistics (AISTATS) 2017. JMLR: W&CP

Konečný, J., McMahan, H. B., Yu, F. X., Richtárik, P., Suresh, A. T., & Bacon, D. (2016). Federated Learning: Strategies for Improving Communication Efficiency. arXiv:1610.05492

Tan, A. Z., Yu, H., Cui, L., & Yang, Q. (2022). Towards Personalized Federated

Learning. IEEE Transactions on Neural Networks and Learning Systems, pp. 1-17. https://doi.org/10.1109/tnnls.2022.3160699

Bai, X., Wang, H., Ma, L., Xu, Y., Gan, J., Fan, Z., Yang, F., Ma, K., Yang, J., Bai, S., Shu, C., Zou, X., Huang, R., Zhang, C., Liu, X., Tu, D., Xu, C., Zhang, W., Wang, X., ... Xia, T. (2021). Advancing COVID-19 diagnosis with privacy-preserving collaboration in artificial intelligence. Nature Machine Intelligence, 3, 1081-1089.

이경전, "전자상거래를 위한 소프트웨어 에이전트", 정보처리학회지, 6(1):54-62, 1999.

Jin, D., Suh, Y., Lee, K., "Generation of Hypotheses on the Evolution of Agent-Based Business Using Inductive Learning," Electronic Markets, vol. 13, no. 1, 13-20, 2003.

Lee, K. J., Chang, Y. S., Lee, J. K., "Time-Bounded Negotiation Framework for Electronic Commerce Agents", Decision Support Systems, vol. 28, no.4, pp. 319-331, June, 2000.

Jin, D. Lee, K, "Impacts and Limitations of Intelligent Agents to Internet Commerce," Lecture Notes in Computer Science, vol. 2105, pp. 33-4

2

Metaverse
신인류의 호기심, 메타버스의 본질

송욱기

파이커스코리아 전 회장
The Pastel Korea 대표이사
(주)지에프리테일 회장
블루어스플러스(주) 대표이사
(주)에코밸리 회장

1

메타버스는 지나가는 열풍인가

물리적 현실과 가상의 경계가 허물어지는 세상, 오늘날의 메타버스는 가상과 현실이 융합된 디지털 기반의 가상 세계에서 사람과 사물이 상호작용하여 경제, 사회, 그리고 문화적 가치를 창출하고 있다. 메타버스는 다양한 상호작용 기능과 소셜 미디어 요소를 도입함으로써 인간의 호기심과 소통 욕구를 쉽게 충족하게 해준다. 최근 오픈 AI에 의해 촉발된 생성형 인공지능 이슈에 따른 감소에도 불구하고, 메타버스는 학계, 공공 기관, 산업계에서 여전히 긍정적인 반응을 보이고 있다. 메타버스 기술은 초기 단계를 넘어 성장해 나가고 있으며, 전문가들은 2023년 업무 관련 메타버스의 큰 성장을 예측한다.

　메타버스는 지금까지 주로 게임, 집단 놀이 및 문화 활동이 결합된 사회관계 형성 등 SNS와 게임 플랫폼에 초점을 맞추어 발전해 왔다. 하지만 향후에는 디지털 자산 거래(상품 거래 및 가상 부동산), 원격 의사소통 및 다중 협업을 지원하는 원격 협업지원(Assistant) 등 다양한 유형들이 상호 융합하여 발전할 것으로 전망된다. 메타버스는 성장 초기의 거품을 걷어내고, 점점 실체를 드러내면서 빠른 성장세를 보이고 있다. 메타버스의 장점은 VR, AR, MR 기기 등을 이용하여 사용자에게 몰입감을 동반한 학습 기회와 경험을 제공한다. 메타버스는 특정 기술에 국한되지 않은 개념이기 때문에 한 문장으로 정의하기 어려우나, 여러 기술들을 상호 비교해 파악함으로써 메타버스의 무한한 미래 가치에 대해 이해 가능하게 한다.

메타버스의 정의

메타버스는 '메타(Meta)'와 '유니버스(Universe)'를 합성한 신조어이다. '메타(Meta)'는 가상 또는 초월을 의미하며, '유니버스(Universe)'는 세계를 의미한다. 메타버스는 가상과 현실이 융합된 디지털 기반의 가상 세계에서, 또 게임 분야에서 출발하여 사람과 사물이 상호 작용하며 경제, 사회, 문화적 가치를 창출하는 세계로 발전해 가고 있다.

　메타버스는 인터넷과 기술의 발전, 5G 네트워크의 등장, 인공지능기술 발전에 힘입어 등장한 새로운 산업이다. 미국의 비영리 기술연구 단체인 미래가속화연구재단 ASF(Acceleration Studies

Foundation)에서 2007년 발표한 메타버스 로드맵(2007)에서 메타 버스를 '증강과 시뮬레이션', '내적 요소와 외적 요소' 두 축을 기반으로 증강현실, 라이프로깅, 거울세계, 가상세계 등의 4가지 유형으로 분류했다. [그림1]과 같이 증강현실은 포켓몬 GO와 SNOW앱 등에서 볼 수 있듯이 현실 공간에 가상의 2D 또는 3D 물체가 겹쳐 상호작용하는 환경이고, 라이프로깅은 SNS인 인스 타그램, 메타, 카카오 등에서 사물과 사람에 대한 일상적인 경험 과 정보를 캡처, 저장, 전송하고 소통하는 세계이다. 거울 세계는 구글어스, 줌 회의 등에서 볼 수 있는 것처럼 실제 세계를 그대 로 투영한 정보가 확장된 가상 세계이며, 가상 세계는 제페토, 마 인크래프트 등에서 사용자의 자아가 투영된 아바타가 상호작용 을 하는 디지털 데이터로 구축된 세계이다.

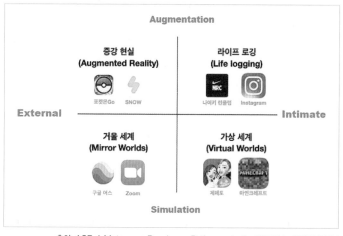

출처: ASF A Metaverse Roadmap: Pathways to the 3D Web, 2007/재구성

그림 1 **메타버스의 4가지 유형**

메타버스 세상은 이제 막 출발하였지만, 기술 발전과 새로운 서비스들의 출현과 시대적 변화 등을 통해 계속해서 진화하며 미래를 열어갈 것이다. 메타버스에서는 디지털 기반 가상환경을 바탕으로 3D(혹은 2D) 아바타와 디바이스를 통해 몰입형 경험(Immersive Experience)을 체험하며, 실시간 상호 작용(Real-Time Interaction)도 가능하다. 또 사용자들은 공간을 인식하고 존재감을 느끼면서 다른 사용자들과 공유 활동(Shared Activities)을 할 수 있다.

메타의 CEO, 마크 저커버그(Mark Zuckerberg)는 메타버스의 특징을 [그림2]와 같이 설명했다. 가상 세계에서 실제 현장에 있는 듯한 느낌의 실재감, 메타버스에서 자신을 표현하는 수단인 아

출처: 메타버스 아카데미

그림 2 **메타버스의 특징**

바타, 자신의 아바타와 디지털 아이템을 다양한 앱과 경험에 적용 가능한 상호 운용성, 개인의 사진·영상·디지털 상품을 보관하는 개인 공간, 언제든 원하는 장소로 이동하는 순간이동, 디지털로 구현 가능한 사진·영상·예술·음악·영화·책·게임 등 가상 상품, 개인정보보호와 안전이 필수인 프라이버시/안전(Privacy &Safety), 자연스럽게 디바이스와 상호작용하는 자연스러운 조작 환경(Natural Interface) 등이다.

메타버스의 발전 과정

메타버스라는 개념은 1992년 닐 스티븐슨의 소설 '스노우 크래쉬'에 처음 등장했다. 이 작품에서 메타버스는 '현실과 연결된 특별한 가상공간'이자 '아바타를 통해 경제 활동이 가능한 가상공간'으로 설명했다. 메타버스는 2000년대 초 게임 분야에서 시작되어 가상현실(VR)과 증강현실(AR) 기술의 발전을 거치면서 2010년대에 현실감 있게 구현되기 시작하였고, 2020년대에는 5G와 블록체인 기술의 도입으로 성장이 가속화되었다. 메타버스는 현실의 사회 교류를 대체하거나 보완하는 방식으로 다양한 사회관계 형성에 활용될 수 있다. 게임, 소셜, 교육, 전시, 엔터테인먼트, 마케팅, 제조, 의료 시뮬레이션 등 각 분야에서 활용 가능한 잠재력을 가지고 있다.

초기에 게임으로 시작한 메타버스는 최근 들어 교육 및 의료 서비스 분야까지 적극적으로 활용하고 있다. 포항공과대학(포스

텍)에서는 2021~2022 신입생 전원에게 VR 기기를 제공하며, VR 기기를 활용한 다양한 실습 수업을 진행했다. 해외 일부 대학들은 메타버스 플랫폼에 대학을 구축하여 시공간 제약 없는 수업을 받을 수 있게 했다. 서울대학교 의과대학에서도 메타버스에서 해부학 실습을 진행했고, 국내 의료기관에서도 대형병원을 중심으로 메타버스로 의료 서비스를 확장하고 있다. 의료기관에서 메타버스를 활용해 다양한 실습을 진행하고 있는데, 환자 상태를 가상으로 시뮬레이션하는 등 보폭을 넓히고 있다. 시장조사 기관인 스태티스타(Statista)의 2023년 보고서는 디지털 경제의 15%가 이미 메타버스로 이동했으며, 2030년까지 사용자 수는 7억 명에 이를 것으로 예측하였다.

2
메타버스 활용 분야와 혁신 기술

메타버스는 미래 사회에서 막대한 영향력을 발휘할 것으로 예상되며, 교육, 업무, 의료 등 다양한 분야에서 활용될 것이다. 아직은 기술적 한계, 개인정보 보호 문제, 사회적 및 경제적 격차 등의 여러 제약 요인에 직면하고 있지만, 메타버스 기술은 끊임없이 발전하고 있다.

인류는 이미 메타버스 탑승을 완료해 "코로나 이후 필수적인 소통 역할"을 하게 되었다. 틈이 날 때마다 SNS 앱을 열어 풍경이나 음식을 찍어 올린 후, 지금 하는 일이나 떠오르는 생각을 기록하며, 다른 사람의 일상에 '좋아요'나 '하트'를 누르며 일상을 즐기는 흐름이 확산되고 있다. 마케팅 · 컨설팅 업체 '케피오스(Kepios)'가 2023년 7월에 발표한 '디지털 현황' 보고서에 따르면, 세계 인구의 60.6%, 즉 48억 8000만 명이 SNS를 이용하며 하루 평균 2시간 26분을 SNS 사용에 소비한다고 한다.

5G 네트워크와 메타버스

메타버스는 가상현실(VR)과 증강현실(AR)을 결합한 혼합현실(MR)로, 인터넷의 미래로 불리는 개념이다. 가상세계에서 다양한 활동과 소통을 즐기며, 자신의 아바타를 통해 입장할 수 있다. 메타버스는 언제 어디서든 접속할 수 있어야 하고, 실제와 똑같은 현실감 확보를 위해 고도의 그래픽 구현과 함께, VR 기기 발전이 필수이다. 5G 네트워크는 메타버스 환경을 가능케 하는 주요 기술 가운데 하나로 초고속, 초저지연, 초연결의 특성을 지닌다. 5G 네트워크는 메타버스에서 대용량 데이터 전송과 실시간 상호작용이 가능하게 하는 기술이다. VR 기기를 5G 네트워크에 연결하면 메타버스 공간에서 회의, 공연, 교육 등을 생동감 있게 체험할 수 있다. 최근에는 다양한 기업들이 메타버스를 활용하여 서비스를 제공하고 있다. SKT는 기존 서비스인 '소셜 VR'과 '버추얼 밋업'을 운영해오며 축적한 기술과 경험을 바탕으로 2021년 7월 '이프랜드(ifland)'를 출시하였고, MZ세대들의 니즈를 고려한 서비스와 콘텐츠를 강화해 이프랜드를 5G 시대 대표 메타버스 플랫폼으로 키워나가는 중이다.

5G 네트워크를 통해 AR 기기를 연결하면 현실 세계에 가상 정보나 객체를 겹쳐보는 것이 가능하고, MR 기기를 연결하면 가상 세계와 현실 세계 사이의 유기적인 결합도 가능하다. 메타버스와 5G 네트워크는 상호보완적인 관계로 서로 발전하며 확산될 것으로 예측된다. 다양한 분야에서 메타버스와 5G 네트워크를 활용한 서비스가 발전되고 있는데, 시장조사업체 스트래티지 애널리틱스(SA)는 2021년 발표에서 가상현실(VR)·증강현실(AR)로 대표되는 국내 메타버스 시장 규모가 2025년에는 6배 이상인 270억 달러(약 31조 원)로 커질 것으로 전망했다.

웹 3.0과 메타버스

웹 3.0은 컴퓨터가 시맨틱 웹(Semantic Web) 기술을 활용해 웹페이지의 내용을 이해하고 사용자 맞춤형 정보를 제공할 수 있는 지능형 웹 기술이다. 웹 3.0은 블록체인 기술을 통해 분산된 인터넷 생태계를 구축하며, WWW(월드 와이드 웹)의 미래 방향을 설명하기 위해 사용되는 용어이기도 하다. 안전하고 투명한 거래와 서비스를 제공하는 웹 3.0 기술은 자유롭게 이동 가능한 메타버스 가상공간이 형성되도록 돕는다.

웹 3.0 시장의 관심은 매우 뜨겁고, 2.0을 특징지었던 대형 빅테크 플랫폼들도 3차원 공간 웹인 3.0 플랫폼을 대비하고 있다.

메타는 암호화폐와 블록체인 서비스 관련 상표를 다수 출원했으며, 2021년 10월 사명마저 바꿀 정도로 웹 3.0 시대 준비에 열심이다. 구글 또한 블록체인 전문기업인 대퍼랩스와 파트너십을 맺은 상태다.

웹 3.0은 아직 완성된 기술이 아니라, 여전히 발전 중인 기술로 미래의 인터넷 혁명에 대한 가설이나 비전이기도 하다. 많은 기업들이 지속적인 투자를 하고 있으며, 고객에게 가치를 제공하는 서비스가 등장하면서 인터넷 생태계에 큰 영향을 미칠 것으로 예상된다. 웹 3.0의 구체적인 정의나 특징은 다양한 관점과 해석이 있지만 웹 3.0의 핵심적인 목표는 사용자 중심의 개방적이고 투명하며 지능형 인터넷 환경을 만드는 것이다.

블록체인, NFT와 관계

메타버스는 상호 연결된 3D 가상세계로, 개인화된 몰입형 가상 공간과 디지털 세계에서 상호작용하고 거래할 수 있는 환경을 제공한다. 메타버스는 가상현실, 증강현실, 인공지능, 블록체인, 웹 3.0 기술을 활용하여 실제 세계와 유사하거나 창조적인 가상세계를 구현한다.

블록체인은 분산된 데이터베이스로 거래 기록을 여러 노드에 복제하고 검증하여 신뢰성과 투명성을 보장하는 기술이다. 블록체인은 암호화폐와 스마트 계약과 같은 다양한 응용 분야에 활용될 수 있다.

NFT는 Non-Fungible Token의 약자로, 고유하고 대체 불가능한 디지털 자산을 의미한다. NFT는 소유권 증명이 가능한 고유한 자산으로, 게임 내 아이템이나 가상 세계에서의 소유권을 보장하고 거래할 수 있는 기회를 제공한다. 예를 들어, 게임 내에서 획득한 NFT 아이템은 소유자가 해당 아이템을 소유하고 거래할 수 있다. 이를 통해 게임 경제와 사용자들 간의 경제적 상호 작용을 활성화시킬 수 있다. 기존 비트코인, 이더리움과 같은 암호화폐가 서로 동일한 가치로 거래할 수 있는 대체 가능한 토큰이라면 NFT는 각 토큰이 서로 다른 가치를 가지고 있는 고유한 자산을 의미한다. 게임, 예술, 컬렉션, 음악, 영상 등 다양한 분야에서 각기 다른 가치를 지닌 가상 자산으로 활용된다.

NFT는 메타버스의 주요 자산으로 소유권과 고유성을 인증하는데, 블록체인에 소유권과 거래 기록을 저장하여 디지털 콘텐츠의 가치와 유일성을 인증한다. 반면 블록체인은 메타버스의 기반이 되는 인프라로 신뢰성과 보안을 제공하며, 메타버스는 블록체인과 NFT를 통해 다양한 콘텐츠와 서비스를 경험하고 창작하는 플랫폼이다. 이렇게 블록체인, NFT 및 메타버스는 상호 보완적이고 협력적인 관계를 구축하여 디지털 경제를 주도할 것으로 기대된다.

인더스트리 5.0과 메타버스

Industry 5.0은 인간과 기계가 협력적으로 작동하는 스마트 제조의 새로운 패러다임을 나타내는데, 고도의 자동화와 디지털화, 인공지능의 통합을 중심으로 하면서 인간의 창의성과 미적 감각, 그리고 장인정신이 중요한 역할을 하여 산업의 새로운 단계를 형성하고 있다.

Industry 5.0과 메타버스 두 개념은 기술적 혁신을 중심으로 발전하는 디지털 세계에서 중요한 역할을 하고 있다. 메타버스는 가상 세계에서의 인간 활동을 활성화시키는 동시에, Industry 5.0은 실제 세계에서의 스마트 제조와 인간-기계 협력을 향상시킨다.

이러한 관점에서, 메타버스는 Industry 5.0의 연장선상에 있다고 할 수 있다. 가상 세계에서의 디지털 활동은 실제 세계의 제조와 서비스에 영향을 미칠 수 있으며, 이는 스마트 제조 기술과 결합되어 새로운 제품과 서비스의 혁신을 이끌어낼 수 있다. 예를 들어, 메타버스 내에서 시험되고 검증된 새로운 제품 디자인이나 아이디어는 Industry 5.0의 스마트 제조 기술을 통해 실제로 생산될 수 있다.

또한, 메타버스는 사람들의 교육과 훈련에 있어 중요한 도구로 사용될 수 있다. Industry 5.0의 중요한 요소 중 하나는 인간의 역량 향상이며, 메타버스를 통한 가상 교육 및 훈련은 실제 제조 현장에서의 작업 능력을 향상시키는 데 도움이 될 것이다.

Industry 5.0과 메타버스는 디지털화와 기술 혁신의 중심에서 서로 긴밀하게 연결되어 있고, 두 개념은 현재와 미래의 산업 변화에 큰 영향을 미칠 것으로 예상된다.

인공지능(AI) 기술과 메타버스

메타버스는 가상 세계로 현실과 유사한 경험을 제공하는 디지털 공간이며, 이러한 가상 세계에서 인공지능은 중요한 역할을 수행하며 다양한 측면에서 혁신을 이끌어내며 긴밀하게 연결되어 있다.

첫째, 인공지능은 메타버스에서의 상호작용과 경험을 향상시키는 데 사용된다. 인공지능 기술을 활용하면 가상 세계 내에서 인간과 가상 캐릭터 간의 자연스러운 상호작용을 구현할 수 있다. 음성 및 자세 인식, 자연어 처리, 감정 인식 등의 기술을 통해 사용자와 메타버스 내의 가상 요소들이 더욱 사실적으로 반응하며 상호작용을 할 수 있다.

둘째, 인공지능은 메타버스에서 내용 생성과 스토리텔링을 지원한다. 메타버스는 거대한 규모의 가상 세계이기 때문에 방대한 양의 콘텐츠가 필요하다. 인공지능은 자연어 처리 및 생성 모델을 활용하여 가상 세계 내에서 스토리를 생성하고, 캐릭터를 자동으로 제작하고, 상황에 맞는 인공지능 기반의 이벤트를 제공할 수 있다.

셋째, 인공지능은 메타버스 내에서 데이터 처리와 분석에 활용된다. 메타버스는 사용자들의 행동, 상호작용, 경제 활동 등 다양한 데이터를 생성한다. 인공지능은 이러한 데이터를 수집하고 분석하여 사용자들의 선호도, 트렌드, 경제 모델 등을 이해하고 예측하는 데 활용된다. 인공지능 기술은 메타버스에서 진화하는 다양한 영역들에 적용될 수 있으며, 메타버스에서 제공하는 다양한 기능과 서비스를 향상시키는데 많은 도움을 줄 것이다.

클라우드 컴퓨팅(Cloud Computing)

메타버스에서는 대량의 데이터를 처리하고 관리해야 하므로, 이를 위해서 클라우드 컴퓨팅 기술이 필수적이다. 클라우드 컴퓨팅 기술을 활용한 메타버스는 안전하게 데이터를 저장하고 처리할 수 있으며, 사용자가 원하는 데이터를 쉽게 검색하고 추출할 수 있다. 또 메타버스에서는 대량의 데이터를 실시간으로 처리해야 하므로, 클라우드 컴퓨팅 기반의 컴퓨팅 자원이 필요하다. 이러한 클라우드 기술을 통해 메타버스에서는 다양한 서비스와 애플리케이션을 실행하는 데에 사용된다.

메타버스와 클라우드 컴퓨팅은 보완적 관계이며, 클라우드 컴퓨팅이 없다면, 메타버스에서 대량의 데이터를 처리하고 저장하기가 어렵게 된다. 그러나 클라우드 컴퓨팅이 있더라도, 메타버스에서 사용되는 데이터가 너무 방대하고 복잡하므로 이를 처리하고 관리하기 위해서는 클라우드 컴퓨팅 자원을 효율적으로 활용해야 한다.

애플의 비전프로(VisionPro)와 공간 컴퓨팅

애플은 2024년 초에 판매될 혼합현실(MR) 기기 '비전 프로'를 공개하면서, 실감형 콘텐츠 생태계 확장에 기폭제 역할을 할 것으로 기대된다. 이 제품은 메타버스 업계에서 많은 기대를 받아왔으며, 애플은 이를 통해 공간 컴퓨팅 환경을 제공하겠다고 발표하였다. 비전프로를 사용함으로써, 사용자는 같은 공간에 있는 것처럼 다른 사람들과 소통하고, 디지털 콘텐츠가 물리적 공간에 있는 것처럼 상호작용할 수 있다. 애플은 이를 통해 메타버스를 포함한 플랫폼 전략을 가동하면서 MR을 통한 컴퓨팅의 미래를 선점하고자 한다.

메타버스와 MR은 반도체와 디스플레이, 광학 기술이 모두 뒷받침돼야 구현이 가능하다. 특히 디스플레이 분야에서는 1인치 내외 마이크로디스플레이 기술이 주목받고 있다. 마이크로디스플레이는 반도체용 실리콘 기판 위에 초소형 디스플레이를 구현하는 기술이다. 이러한 기술의 발전은 애플 등 메타버스 그리고 MR 기술을 활용하는 기업들이 디스플레이 분야에서 새로운 돌파구를 찾는 데 큰 기회를 줄 것으로 기대된다.

삼성디스플레이는 "디스플레이가 차량 내부뿐만 아니라 건물 표면, 벽면까지 모두 덮을 수 있는 디스플레이 오피스 시대, 인터넷 오피스 시대가 열리면 좋겠다."고 밝힌 바 있는데, 이는 애플이 비전프로를 공개하며 강조한 공간 컴퓨팅이라는 개념과 유사해 보인다. 이러한 디스플레이 분야 발전도 메타버스와 MR 분야에 큰 변화를 가져올 것으로 예상된다.

애플이 iPhone으로부터 이어져 온 프리미엄 이미지 구축 전략을 사용하고 있는데 반해 메타는 메타버스 헤드셋 시장의 강력한

	Apple	Meta	Microsoft	Google	SAMSUNG
글로벌 기업 확장현실 기기 개발 현황					
회사명	애플	메타	마이크로소프트	구글	삼성전자
기기명칭	비전프로	퀘스트3	홀로렌즈2	AR글래스(비공식)	갤럭시 스페이스 또는 갤럭시 글래스(추정)
최초공개일	2023년 6월	2023년 6월	2019년 2월	2022년 7월	미공개
종류	MR HMD	VR, MR HMD	AR HMD	AR 스마트 글래스	헤드셋 또는 안경형 XR기기(추정)
가격	3,499달러	499달러(128GB모델기준)	3,500달러 이상	미공개	미공개
키워드	공간컴퓨팅	MR, 몰입형 게이밍	산업, 기업용 메타버스	실시간 번역과 필기	미공개
특징	AR플랫폼/MR기기 초고해상도 디스플레이 탑재 공간컴퓨터	메인스트림 VR HMD의 새기준 전용 VR앱마켓운영, 기존제품 이용자 규모 국	기본형외에 산업용 및 건설현장용 모델 출시	2013~15년 판매한 개인용 '구글 글래스' 및 2023년 9월 판매종단 예정인 기업용 '구글 글래스 엔터프라이즈 에디션' 과는 별개의 제품임.	구글, 퀄컴과 3자협력 파트너십으로 개발(추정)
출시(예정)일	2024년 초	2023년 가을	2019년 11월	미공개	미공개

출처: 아주경제(23.6.11자)/각사 발표 자료 재구성

그림 3 **글로벌 기업 확장현실 기기 개발 현황**

플레이어로서 시장 점유율이 뛰어나기 때문에 '보급화'에 초점을 맞추었다. 또한 경쟁 업체였던 마이크로소프트를 우군으로 삼아 하드웨어 플랫폼 개발을 추진하고 있다. 지난 6월에는 자사 VR 기기의 신제품인 '메타 퀘스트3'을 선보였다. 삼성은 Google 및 Qualcomm과 협력하여 2017년 이후 6년 만에 2023년 하반기에 차기작을 선보일 예정이다. 결국 메타와 마이크로소프트, 구글과 삼성, 애플 등 세 진영이 XR 기기 시장에서 3파전을 벌일 것으로 보인다.

다양한 메타버스 플랫폼

비업무용 플랫폼으로 게임이나 엔터테인먼트 요소를 강하게 내포하면서 일반 사용자를 대상으로 마케팅을 전개하는 해외 플랫폼으로는 '로블록스', '마인크래프트' 등이 있는데, 로블록스는 2022년 기준 5,600만 명 이상의 일일 글로벌 사용자 수를 확

보했다. 또 가상공간이나 가상건물, 가상상품을 거래를 할 수 있는 '더 샌드박스', '디센트럴랜드' '어스2' 등이 있다.

국내 플랫폼으로는 네이버 제페토와 SK텔레콤의 이프랜드 등이 있는데, 제페토는 네이버Z가 운영하는 메타버스 플랫폼으로 약 3억 명의 전 세계 사용자를 보유하고 있다. 네이버 제페토는 2018년 8월 출시 이후 한국·중국·일본·미국 등 전 세계 200여 개 국가에서 서비스 중이며 현재 글로벌 월간 이용자 수(MAU)는 2,000만 명, 이중 해외 이용자 비중이 약 95%다. 그 외에 약 400만 이상의 이용자를 보유하고 있는 이프랜드(Ifland)와 zep(제프)도 국내에서 인기 있는 메타버스 플랫폼이다. 이들 플랫폼의 공통점은 주요 사용자가 16세 이하의 어린이와 청소년이라는 점, 사용자가 직접 콘텐츠 제작에 참여하고 공유함으로써 수익을 창출할 수 있다는 점이다.

피치설루션의 안정수 대표는 〈IT동아〉의 한 기고문에서 완전한 업무용에 속하는 메타버스 플랫폼으로 '소코코(Sococo)', '쿠모스페이스(Kumospace)', '오비스(Ovice)', '조이콜랩(Joycollab)' 등을 소개했는데, 이들 플랫폼은 기업, 기관, 단체 등 다양한 조직의 소통과 협업을 위한 2차원 가상 오피스를 기반으로, 구성원의 현재 상태를 쉽게 알 수 있도록 단순화된 아바타를 제공하고 있다. 이와 차별화된 3D 메타버스 오피스 플랫폼인 직방의 '소마'는 PC 및 모바일 앱을 통해 접속이 가능하고 3D 빌딩 배경과 사무실, 아바타를 제공하며, 사용자는 실시간 소통(화상/음성)을 통해 협업할 수 있다. (자료출처: 『IT동아의 기고문 [메타버스에 올라타자] 3편,

3
메타버스는 미래의 성장 동력

메타버스는 기술적 한계, 개인정보 보호 문제, 사회적-경제적 격차 등의 여러 제약 요인에 직면하고 있지만 여전히 메타버스 산업은 현재 급속히 성장하고 있다. 정부와 기업은 메타버스의 경제적 파급효과를 고려하여 플랫폼 생태계 조성에 적극적으로 대응하고 있다.

메타버스의 당면 과제

메타버스 플랫폼이 주춤한 배경에는 COVID-19 엔데믹으로 사람들이 정상적인 일상으로 돌아간 것과 메타버스 생태계가 아직 새로운 이용자들을 매력적으로 끌어들일 만큼 완성도와 매력을 보여주지 못한 측면이 있다. 메타버스는 2021년을 정점으로 구글 검색량이 10~20%가량 줄었으며, 2022년 발표에서 로블록스는 일일 평균 사용자 수가 5,600만 명으로 크게 줄어들었다. 반면 메타버스 사업에 투입하는 비용은 눈덩이처럼 커져 대표적인 메타버스 기업인 메타는 2022년 한 해 메타버스에만 100억 달러를 투자했지만 큰 손실을 기록하게 되었고, 대규모 적자로 인한 인력감축을 시행하였다. 국내 메타버스 대표 업체 중 하나인 네이버Z도 지난해 영업 손실 295억 원, 당기순손실 1,129억 원을 기록한 것으로 나타났다.

메타버스와 NFT는 아직 상대적으로 새로운 개념이므로, 기술적, 법적, 경제적 측면에서 여러 가지 문제점과 이슈가 남아있다. 메타버스를 중심으로 가상 세계와 현실 세계가 연결되어 가상 경제·서비스의 마비 가능성, NFT 및 가상자산의 탈취 등을 목적으로 하는 보안 위협이 증가하였다. 이에 따라 이용자의 생명과 재산이 위협의 대상이 될 수 있다. 메타버스의 발전으로 사용자의 개인정보가 많이 수집될 수 있고, 개인정보 침해 문제도 발생할 수 있다. 사이버 범죄나 저작권 침해 등의 문제에 대한 법적 규제와 대응책이 필요하다.

메타버스의 미래 전망

메타버스는 가상과 현실이 상호작용하며 다양한 사회 경제 활동이 이루어지는 공간이다. 메타버스 시장은 과제들이 하나씩 해결되면서 급부상하고 있으며, 다양한 산업들이 메타버스 기술을 적용하면서 성장하고 있다. 영국 컨설팅기업 프라이스워터하우스쿠퍼스(PWC)는 메타버스 시장이 2030년까지 1조 5,429억 달러까지 성장할 것으로 예측하고 있다.

스태티스타(Statista)는 2024년 메타버스 시장 규모를 2,969억 달러, 미국 시장조사기관인 스트래티지 애널리틱스(SA)는 메타

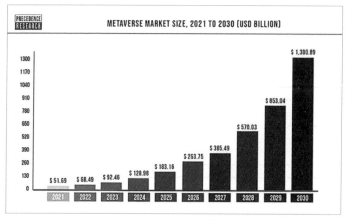

출처: Precedence research 보고서

그림 4 **메타버스 시장 규모**

버스 시장이 2025년까지 2,800억 달러로 성장할 것으로 전망하였다. 또 2023년 3월 프레시던스 리서치(Precedence Research)가 발표한 보고서에 의하면, 전 세계 메타버스 시장 규모는 2030년에는 약 1조 3,000억 달러(1,695조 원)이다.

메타버스 성장을 이끌어내는 핵심 영역은 기술적 발전, 콘텐츠 분야, 커뮤니티(플랫폼)이다. 기술적인 발전은 5G, 클라우드 컴퓨팅, 하드웨어(VR, HMD), 인공지능 등을 통해 메타버스 가상환경이 더욱 현실적으로 구현되도록, 높은 성능을 제공할 수 있도록 발전되고 있다. 콘텐츠 분야에서는 다양한 콘텐츠가 제작되고 활용되는데, 게임, 영상 제작, 전시 및 교육 등 각 영역마다 다양한 콘텐츠가 활성화되고 있다. 메타버스의 커뮤니티는 다양한 사람들이 가상 세계 안에서 만날 수 있는 플랫폼, 로블록스, 마인크래프트, 제페토 등을 의미하고, 다양한 아이디어, 정보, 문화 등을 공유할 수 있는 공간으로써 활성화되고 있다.

메타버스는 미래의 문화 가치 창출과 업무 환경을 형성하는 중요한 역할을 맡게 되었다. 메타버스는 증강현실과 가상현실 등 다양한 기술에 힘입어 소비와 생산이 상호작용하는 플랫폼으로 발전함으로써 사용자 수가 더욱 급증할 것으로 예상된다.

메타버스 생태계 활성화와 정부 정책

메타버스의 미래는 불확실하지만 다양한 분야의 활용 가능성이 높아 미래 먹거리 산업으로 꼽힌다. 메타버스는 가상 세계를 구현하는 기술에서부터 현실 공간의 정보(건물, 사무실, 공연장, 미술관 등)를 활용하여 사회 전반의 활동과 생활을 가상 세계로 이전시키는 기술로 진화하고 있다. 메타버스가 현실 정보를 직접 분석하는 디지털트윈 기술과 융합된다면, 큰 시너지를 발휘할 것이며 온라인 서비스의 큰 확대가 예상된다.

메타버스의 성숙 단계는 2031년경 시작될 것으로 기대되며, 통합된 데이터 표준, 결제 시스템, 신원 인증 등이 포함된 플랫폼과 산업 생태계 간의 연결과 통합이 이루어질 것이다.

글로벌 빅테크 기업의 메타버스 시장 선점과 주도에 대응해 새로운 형태의 탈중앙화 개방형 플랫폼, 다양한 세계관 기반의 플랫폼들이 경쟁하고 있다. 이에 대해 우리도 세계적 기업들과 경쟁할 수 있는 환경을 조성해야 하고 메타버스 기술 경쟁력 확보, 디지털 창작물의 안전한 생산·유통 지원, 메타버스 데이터 구축·개방 등의 기반 조성이 필요하다. 또 메타버스 인재를 양성하여 융합형 고급인재, 실무형 전문인력, 메타버스 창작자 등을 양성하고, 메타버스 산업의 성장을 이끌어내는 인력을 확보해야 한다.

국내에서도 메타버스의 경제적 파급 효과를 고려하여 정부 차원에서 메타버스 경쟁력 강화를 위해 메타버스 기술 개발 및 플랫폼 생태계 활성화를 위한, 일명 한국판 디지털 뉴딜정책을 추진하고 있다. 2023년 6월에는 메타 비전 서밋 포럼이 국회 의원회관에서 열렸고, 이날 포럼은 관련 분야의 전문가와 함께 메타버스의 가능성과 한계들을 철저히 따지고 메타버스 미래 경쟁력을 강화하고 규제와 개발을 촉진하기 위해 마련됐다.

해외 주요 국가에서도 관련 정책을 적극 추진 중인데, 글로벌 기술기업들의 자본과 상상력은 메타버스 세계로 향해져 있다. 인공지능 열풍과 함께 메타버스 발전은 더욱 가속화되며, 창작자, 기업가, 투자자들에게 새로운 기회와 도전을 제공할 것이다. 메타버스는 우리 정부와 기업, 국민이 함께 주목할 미래 산업의 큰 본류임이 틀림없다.

참고 문헌

IT동아 [메타버스에 올라타자] 1~7편
메타버스 4가지 유형, ASF, Metaverse Roadmap, 2007
한국인터넷 진흥원, 2022 VOL.4
관계부처 합동 메타버스 신산업 선도전략 22.01.20 자료
놀면서 돈 버는 곳 메타버스(형설 e-LIFE 정종기)
메타버스 아카데미

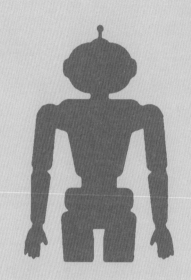

3

Cobot
인간과 협업하는 코봇의 미래

문형남

숙명여대 경영전문대학원 교수. 성균관대 경영학과 졸업, 고려대 경영학 석사(MIS, AI전공), 성균관대 경영학 박사(MIS, AI전공) 학위를 취득했다. 한국과학기술원(KAIST) 공학박사과정(AI 전공), 북한대학원대학교 북한학박사과정(북한IT전공)을 수료했다. 동서경제연구소에서 5년간 선임연구원(애널리스트), 매일경제신문에서 7년간 경영·IT 전문 기자로 활동했다. 2000년부터 현재까지 숙명여대 정보통신대학원 주임교수, 정책산업대학원 IT융합비즈 니스전공 주임교수, 경영전문대학원 AI융합비즈니스트랙 주임교수 등을 역임 중이다. 숙명여대 내 벤처기업인 (주)ESG메타버스발전연구원 대표이사를 겸직하고 있다. (사)한국생산성학회와 (사)지속가능과학회 회장, (사)대한경영학회 회장 등을 역임했다. 현재 (사)지속가능과학회 공동회장, (사)4차산업혁명실천연합 공동대표, 한국AI교육협회 회장, K-헬스케어학회 회장, 인공지능국민운동본부 공동의장, 대한민국ESG메타버스포럼 의장, (사)한국구매조달학회 수석부회장(2024~2025 회장), (사)한국경영교육학회 부회장 등을 맡고 있다.

1

코봇에 대한 이해

코봇의 개념과 역사

로봇(robot)은 어떠한 작업이나 조작을 자동적으로 수행하는 기계장치다. 인간하고 유사한 모습과 기능을 가진 기계 또는 한 개의 프로그램으로 작동하고, 자동적으로 복잡한 일련의 작업을 수행하는 기계적 장치를 말한다. 또한 제조공장에서 조립, 용접, 핸들링 등을 수행하는 자동화된 로봇을 산업용 로봇이라 하고, 환경을 인식해 스스로 판단하는 기능을 가진 로봇을 '지능형 로봇(Intelligent Robot)'이라 부른다. 사람과 닮은 모습을 한 로봇을 '인간형 로봇(humanoid robot, 휴모노이드: humanoid)'이라 부른다.

그림 1 **사람을 닮은 로봇, 휴모노이드**

코봇(cobot, co-bot) 또는 협동로봇(협력로봇, 협업로봇: collaborative robot)
은 인간과의 직접적인 상호 작용을 위해 설계된 로봇이다. 독립
된 공간에서 작동되는 산업용 로봇과 달리 사람과 같은 공간에
서 작업하며 상호 작용할 수 있는 로봇을 '협동로봇'이라고 부른
다. 일반(산업용) 로봇은 다소 자율적으로 움직이도록 만들어졌으
나, 협동로봇은 사람이 어떤 작업을 성공적으로 수행할 수 있도
록 도와준다. 예를 들어, 길을 잃어 방황하거나 수행할 작업을 벗
어나 헤매는 사람을 바른길로 안내한다. 코봇은 공유 공간 내에
서 또는 인간과 로봇이 가까이 있는 곳에서 인간과 로봇의 직접
적인 상호 작용을 목적으로 하는 로봇이다. 코봇 응용 프로그램
은 로봇이 인간 접촉으로부터 격리되는 전통적인 산업용 로봇
응용 프로그램과 대조된다.

센서와 경량 재료 및 둥근 모서리와 같은 기타 설계 기능 덕분

에 협동로봇(코봇)은 인간과 직접적이고 안전하게 상호 작용할 수 있다(그림 1). 국제로봇연맹(International Federation of Robotics: IFR)은 로봇을 산업 환경에서 자동화에 사용되는 산업용 로봇과 가정용 및 전문가용 서비스 로봇의 두 가지 주요 로봇 그룹으로 분류한다. 서비스 로봇은 인간과 함께 작동하도록 의도된 코봇으로 간주 될 수 있다. 산업용 로봇은 전통적으로 울타리 또는 기타 보호 장벽 뒤에서 인간과 별도로 작업했지만 코봇은 이러한 분리를 제거한다.

코봇은 공공 장소의 정보 로봇(서비스 로봇의 예) 건물 내에서 자재를 운반하는 물류 로봇, 무거운 부품을 옮기는 사람들을 돕는 것과 같은 인체공학적이지 않은 작업을 자동화하는 데 도움이

자료: https://en.wikipedia.org/wiki/Cobot#/media/File:Db_tuda_jes2899_a.jpg

그림 2 **사람과 상호작용하는 코봇.** 센서와 경량 재료 및 둥근 모서리와 같은 기타 설계 기능 덕분에 협동로봇(코봇)은 인간과 직접적이고 안전하게 상호 작용할 수 있다.

되는 산업용 로봇에 이르기까지 다양한 용도로 사용될 수 있다.

코봇은 1996년 미국 노스웨스턴대학교의 교수인 J. 에드워드 콜게이트(J. Edward Colgate)와 마이클 페쉬킨(Michael Peshkin)에 의해 발명되었다. '코봇'이라는 제목의 미국 특허는 코봇을 "사람과 컴퓨터에 의해 제어되는 범용 조작자 사이의 직접적인 물리적 상호 작용을 위한 장치 및 방법"이라고 설명한다. 이 발명품은 GM 로보틱스 센터의 프라사드 아켈라(Prasad Akella)가 이끄는 1994년 제너럴 모터스(GM) 이니셔티브와 1995년 제너럴 모터스 재단(General Motors Foundation)의 연구 보조금으로 인해 로봇 또는 로봇과 같은 장비를 사람들과 팀을 이룰 수 있을 만큼 안전하게 만드는 방법을 찾기 위한 것이다.

최초의 코봇은 내부 원동력이 없어 인간의 안전을 보장했다. 대신 인간 노동자가 원동력을 제공했다. 코봇의 기능은 인간 작업자와 협력하는 방식으로 페이로드를 리디렉션하거나 조종하여 컴퓨터가 동작을 제어할 수 있도록 하는 것이었다. 나중에 코봇은 제한된 양의 원동력도 제공했다. 제너럴 모터스(General Motors)와 업계 실무 그룹은 코봇의 대안으로 IAD(Intelligent Assist Device)라는 용어를 사용했는데, 이는 코보틱스(Cobotics)와 너무 밀접하게 연관된 것으로 간주되었다. 당시 인텔리전트 어시스트 장치 및 안전 표준 'T15.1 인텔리전트 어시스트 장치-개인 안전 요구 사항'에 대한 시장 수요는 산업자재 취급 및 자동차 조립 작업을 개선하는 것이었다.

코봇과 산업용 로봇의 비교

코봇과 산업용 로봇은 다르게 분류하기도 하며, 코봇을 산업용 로봇의 일부로 구분하기도 한다. 코봇과 산업용 로봇의 가장 큰 차이점은 코봇 또는 협동로봇은 인간과 함께 작업할 수 있는 기술이 내장돼 있고, 전통적인 산업용 로봇은 인간을 대신하여 작동한다는 점이 다르다. 산업로봇과 협동로봇의 결정적인 차이는 '사람'의 유무다. 일반 산업용 로봇은 독립적으로 작동하도록 설계되지만 협동로봇은 작업자가 옆에서 보조해 업무를 수행한다. 유연하고 정밀한 움직임이 가능해 다양한 작업에서 활용될 수 있다.

코봇은 다른 작업에 맞게 다시 프로그래밍할 수 있는 고정된 로봇 팔의 형태를 취한다. 그들은 또한 학습 능력 때문에 변화에 잘 적응한다. 코봇의 사전 엔지니어링 된 설계와 알고리즘은 최소 시간에 맞춤형 출력을 생성하는 데 적합하다. 내장된 힘 제어 및 센서를 통해 안전 펜싱 없이 사람과 함께 작업할 수 있다. 또한 코봇은 더 가볍고 작아서 시설에 자동화를 도입하기에 완벽한 후보이다. 그러나 사용하기 전에 안전 및 위험 평가를 소홀히 해서는 안 된다. 각 산업은 다축 매니퓰레이터와 함께 코봇을 활용하여 산업 프로세스 및 운영을 자동화한다.

산업용 로봇은 동일한 품질 수준을 유지하면서 고하중 및 고속 작업을 수행한다. 고정된 상태로 유지되며 장기적으로 변경되지 않을 가능성이 있는 프로세스에 이상적이다. 제조산업 플

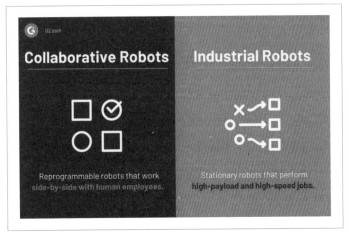

자료: https://www.g2.com

그림 3 **코봇(협동로봇)과 산업용 로봇의 비교.**

레이어는 더 높은 정확도가 필요한 중장비 또는 생산 공정에 전통적인 산업용 로봇을 사용한다. 이 로봇에는 힘 제어 기능이 없다. 따라서 사람과의 접촉과 같이 다양한 수준의 감도가 필요한 프로세스에는 적합하지 않을 수 있다. 산업용 로봇이 있는 시설은 보호 케이지와 같은 안전 장벽을 사용하여 인간에게 안전한 작업 환경을 제공한다. 이러한 안전 시스템을 만드는 데는 시간과 비용이 많이 소요될 수 있다. 또한 산업용 로봇을 다시 프로그래밍한다는 것은 업데이트를 성공적으로 구현하기 위해 복잡한 코드와 엔지니어링을 처리하는 것을 의미한다.

2

코봇의 종류, 장점과 단점

인더스트리 5.0(5차 산업혁명)은 기존의 자동화와 로봇 기술을 넘어서 인간과 로봇이 협력하는 새로운 시대를 지향하는 개념이다. 이러한 관점에서 코봇(co-bot)은 인간과 함께 작업하는 협력 로봇을 의미한다. 코봇은 고도로 자동화된 로봇이 아니라, 인간과 함께 작업하며 보조하는 로봇으로서, 안전성과 협력성을 갖추고 있다.

코봇의 종류

코봇은 인간과 협업(협동, 협력)하는 로봇을 말한다. 코봇은 작동 방식이나 모양에 따라 관절형, 직교좌표형, 원통형, 극형, SCARA 등으로 구분할 수 있다. 코봇은 센서, 엑추에이터, 정보 처리 등의 구성 요소를 가지고 있으며, 인간의 힘을 감지하거나 안전한 거리를 유지하는 등의 기능을 갖추고 있다.

수년에 걸쳐 코봇 제조업체의 수가 크게 증가했다. 총 30개 이상의 회사가 코봇의 개발 및 생산에 주력하고 있다. 이들 중 가장 큰 것은 유니버설 로봇(Universal Robots)이다. 이 회사는 전 세계 모든 코봇의 거의 절반을 공급한다. 각 협동로봇에는 고유한 기능과 사양이 있다. 따라서 자동화 프로젝트의 경우 성공적인 통합을 위한 요구 사항을 살펴보는 것이 중요하다. 도달 범위, 하중 용량, 정확도, 속도 및 축 수와 같은 사양은 코봇이 응용 분야에 적합한지 여부를 결정하는 데 중요한 요소이다. 많은 코봇 제조업체 중에 4개를 소개하고자 한다.

● 유니버설 로봇(Universal Robots)

유니버설 로봇은 시장 점유율의 거의 절반을 차지하는 세계 최대의 코봇 제조업체이다. 총 7개의 다른 코봇이 있는 두 개의 다른 시리즈를 출시했다. UR3, UR3 및 UR5이 있는 CB10시리즈. 그리고 UR3e, UR5e, UR10e 및 UR16e가 있는 E시리즈. 차이점은 E시리즈에 내장된 공구 중심의 힘/토크 센서로 인한 더 높은 정밀도와 감도를 포함합니다. 로봇은 탑재량과 범위가 다양하다.

그림 4 **유니버설 로봇(Universal Robots)**

그림 5 **테크맨 로봇**(Techman Robot)

● 테크맨 로봇(Techman Robot)

테크맨 로봇의 코봇은 비전 시스템이 통합되어 있다는 점에서 독특하다. 카메라는 로봇의 머리에 배치되고 함께 제공되는 소프트웨어에는 스마트 비전 프로그램이 장착되어 있다. 여기에는 패턴 매칭, 물체 위치 파악, 바코드 스캔 및 색상 인식이 포함된다. 이 소프트웨어는 프로그래밍 지식이 없는 사람들도 쉽게 접근할 수 있다. TM5-700, TM5-900, TM12 및 TM14에는 탑재하중과 범위가 다른 4개의 로봇이 있다.

● 화낙(FANUC)

화낙 코봇은 다른 코봇 시리즈에 비해 광범위한 옵션, 더 높은 페이로드 용량, 확장된 도달 범위 및 증가된 속도를 제공하여 시장에서 두각을 나타내고 있다. 이러한 협동 로봇은 안전 인증을 받았기 때문에 인간과 원활하게 협업하고 운영 효율성을 높일 수 있다. 중소기업을 운영하든, 자동화를 처음 접하든, 대기업을

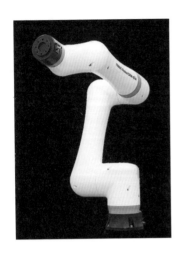

그림 6 **화낙(FANUC) 로봇**

운영하든, FANUC의 코봇 제품군은 비즈니스 요구 사항을 충족하는 정밀하게 맞춤화된 솔루션을 제공한다.

● 프랭크 에미카(Franka Emika)

프랭크 에미카의 Panda는 감도와 극도의 정밀도가 독특한 특징을 가진 고급 로봇이다. 이 로봇 팔의 7개 관절에 센서가 배치

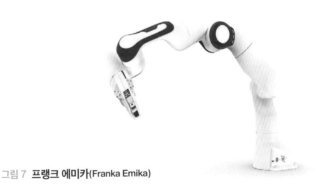

그림 7 **프랭크 에미카(Franka Emika)**

되어 로봇이 가장 섬세한 물체를 다룰 수 있다. 펜더의 범위는 850mm이고 탑재량은 3kg이다.

코봇의 장점과 단점

코봇의 장점은 다음과 같다. 코봇은 인간과 함께 작업 공간을 공유할 수 있어 유연한 자동화를 가능하게 한다. 코봇은 위험하거나 반복적인 작업을 대신해 인간의 안전과 효율을 높여준다. 코봇은 다양한 애플리케이션에 적용할 수 있어 성능과 가치를 향상시킨다.

- 작고 컴팩트함

코봇은 작고 콤팩트한 로봇이므로 너무 많은 공간을 차지하지 않고 생산 공정의 거의 모든 곳에서 사용할 수 있다.

- 간단한 설치 및 프로그래밍

코봇은 누구나 쉽게 설치할 수 있고 프로그래밍도 간단하다. 스마트폰과 데스크톱을 위한 편리한 앱과 소프트웨어를 통해 코봇은 즉시 작동할 수 있다.

- 유연성

코봇은 새로운 작업을 쉽게 배울 수 있으므로 생산 공정의 다른 위치에서 작업할 수 있다.

- 이동성

코봇은 무겁지 않고 이동하기 쉽다. 모바일 워크벤치에 장착하여 회사 내 다른 위치에서 새로운 작업을 쉽게 수행할 수 있다.

- 일관되고 정밀함

코봇은 항상 정확히 같은 힘으로 같은 방식으로 행동을 수행한다. 이를 통해 동일한 품질과 정확하게 배치된 부품이 보장된다.

- 직원들에게 긍정적인 영향

직원들은 단조롭거나 위험한 행동을 하지 않고 보다 창의적인 작업을 통해 자신을 개발할 수 있다.

- 생산 비용 절감

코봇을 사용하면 프로세스가 간소화되고 생산량이 증가한다. 궁극적으로 이것은 더 나은 수익으로 이어진다.

코봇의 단점은 다음과 같다. 코봇은 인간의 창의성이나 감성을 대체할 수 없다. 코봇은 초기 비용이나 유지 보수 비용이 많이 들 수 있다. 코봇은 인간의 일자리를 위협할 수 있는 우려가 있다.

3
코봇의 현재와 미래, 코봇 산업의 전망

코봇의 현재와 미래

산업용 로봇 글로벌 시장 규모는 2018년 14조 6,430억 원에서 2022년까지 연평균 8%로 성장해 22조 9,310억 원까지 커진 것으로 관측됐다. 이와 함께 코봇로봇 시장은 연평균 68% 성장해 2025년까지 전체 산업용 로봇의 34%를 차지할 것으로 전망됐다.

● 협업과 안전성 강화

현재 코봇은 인간과 함께 작업할 수 있는 협업 로봇으로서 설계되고 있다. 이를 위해 코봇은 센서 기술과 컴퓨터 비전 기술을 활용하여 주변 환경을 감지하고, 사람과의 거리를 인식하는 등 안전성을 보장한다. 이러한 안전성은 코봇이 인간과 동일한 작업 공간에서 작업하고 상호작용하는 데 필수적이다.

● 쉬운 프로그래밍

기존의 산업용 로봇은 복잡한 프로그래밍이 필요한 경우가 많았다. 하지만 현재의 코봇은 비전문가도 쉽게 프로그래밍할 수 있는 인터페이스를 갖추고 있다. 이를 통해 기업은 로봇 도입에 대한 초기 비용과 시간을 줄일 수 있다.

● 다양한 산업 적용

코봇은 다양한 산업 분야에 적용될 수 있다. 예를 들어 제조업에서는 생산 라인에서 인간과 로봇이 협력하여 작업을 수행하거나, 공정 중에 인간의 감독 없이 일부 과정을 자동화하는 데 활용될 수 있다. 또한 의료 분야에서는 수술 보조나 물류 분야에서는 창고에서 상품의 포장과 이동 등에 활용될 수 있다.

코봇의 미래 전망은 인더스트리 5.0(5차 산업혁명)의 진화와 더불어 더욱 높은 수준의 협업과 자율성, 다양한 응용 분야로의 확장이 기대된다. 아래는 코봇의 미래 전망에 대한 상세한 설명이다.

- 스마트하고 자율적인 협업

인공지능과 머신 러닝 기술의 발전으로 코봇은 보다 스마트해지고, 작업을 수행하는 능력이 강화될 것으로 예상된다. 코봇은 사람과의 상호작용에서 학습하고 지능적으로 의사결정을 내리며, 자율적으로 작업을 수행하는 데 필요한 능력을 갖출 수 있다.

- 다양한 응용 분야로의 확장

현재 주로 제조업 분야에서 많이 사용되고 있지만, 미래에는 다양한 산업 분야로의 확장이 기대된다. 농업, 건설, 의료, 서비스 업무 등 다양한 분야에서도 코봇이 인간과 함께 작업하여 생산성을 향상시키고 더욱 효율적인 작업을 가능케 할 것이다.

- 산업 생태계 변화

코봇의 보급으로 인해 산업 생태계가 크게 변화할 것으로 예상된다. 로봇 기술의 보급으로 일부 반복적이고 위험한 작업은 로봇에게 맡기고, 인간은 더 창의적이고 지적인 업무에 집중할 수 있게 될 것이다. 이러한 변화는 노동 시장 구조의 변화와 노동자들의 역량 강화에 영향을 미칠 것으로 예상된다.

- 맞춤형 협업과 개인화

코봇은 각각의 작업자에게 최적화된 방식으로 작업을 지원하는 데 활용될 것이다. 작업자 개인의 능력, 선호도, 스타일 등을 고려하여 맞춤형 협업을 제공함으로써 생산성과 작업 만족도를 높일 수 있다.

● 빅데이터와의 융합

코봇이 작업하는 과정에서 발생하는 데이터는 빅데이터의 한 부분으로 활용될 수 있다. 이 데이터를 분석하고 활용함으로써 작업 공정의 최적화, 예방 정비, 예측 유지보수 등에 활용할 수 있으며, 이는 기업의 생산성 향상과 경쟁력 강화에 기여할 수 있다.

● 윤리적 고려와 규제

코봇의 발전과 보급으로 인해 윤리적인 고려와 규제가 필요할 것으로 예상된다. 특히 인간과 로봇의 협업에서 인간의 안전과 권리 보호를 고려하는 정책과 규제가 필요하며, 기술의 보급과 도입에 대한 사회적 합의가 필요할 것이다.

코봇의 미래 전망은 인간과 로봇의 협업에서 보다 높은 수준의 스마트성과 자율성을 갖추고, 다양한 산업 분야로의 확장이 이루어질 것으로 예상된다. 이러한 변화는 노동 시장과 산업 구조의 변화를 불러일으킬 수 있으며, 사회적으로 윤리적인 고려와 규제가 필요한 부분도 고려되어야 한다. 코봇은 인간과 로봇의 상호작용을 통해 생산성과 사람 중심의 산업 생태계를 조성할 수 있는 중요한 기술적 도구로서 기대된다.

코봇 산업의 전망

글로벌 시장조사기관 마켓앤마켓(markets and markets)에 따르면 전 세계 코봇(협동로봇) 시장 규모는 2025년 기준 50억 8,849만 달러 수준, 2028년까지는 92억 달러 수준으로 형성될 전망이다. 2025년 기준으로는 국내시장은 3억 6,000만 달러 정도를 차지하게 될 것으로 예측되고 있다. KDB미래전략연구소에 의하면, 현재 글로벌 협동로봇 시장은 덴마크기업 유니버설로봇(Universal Robots)이 40%를 차지하고 있으며, 일본 화낙(FANUC)과 대만 테크맨(Techman), 스위스 아우보(AUBO) 등이 경쟁하고 있다. 범위를 글로벌 10대 협동로봇 제조사로 확대하면 일본 3개 사, 독일 2개 사, 덴마크·대만·중국·스위스·미국 등으로 구성돼 있다. 아직 국내 기업은 이름을 올리지 못하고 있다.

글로벌 코봇 시장의 주요 업체는 다음과 같다. ABB Group, DENSO Robotics, Epson Robots, Energid Technologies Corporation, F&P Robotics AG, Fanuc Corporation, KUKA AG, MRK-Systeme GmbH, Precise Automation, Inc, Rethink Robotics, Inc, Robert Bosch GmbH, Universal Robots A/S, Yaskawa Electric Corporation, MABI Robotic AG, Techman Robot Inc., Franks Emika Gmbh, AUBO Robotics, Comau S.p.A. 등이다.

우리 정부는 로봇산업 전반에 대한 경쟁력을 키워 글로벌 시장에서 규모를 확대하는 등 로봇 생태계 강화를 위해 관계부처 합동으로 해마다 지능형 로봇 실행계획을 발표해 다양한 지원 정책을 추진하고 있다. 특히 지속적인 미래기술개발 가이드라인을 제시해 중소기업이 가진 기술 역량을 강화하고자 중소벤처기업부와 중소기업기술정보진흥원(TIPA)에서 발표하는 '중소기업 기술로드맵'에도 협동로봇은 지능형 로봇 분야 내 전략 품목

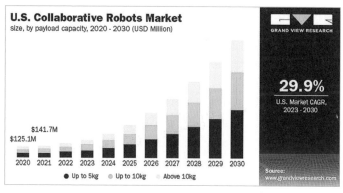

자료: 그랜드 뷰 리서치

그림 8 **미국의 코봇 시장 규모 전망**

으로 포함되는 등 관련 산업 내 중요도가 커지고 있다.

그랜드 뷰 리서치의 전망에 의하면, 글로벌 코봇(협업로봇) 시장 규모는 2022년 12억 3천만 달러로 평가되었으며, 2023년부터 2030년까지 연평균 32.0%의 복합성장률(CAGR)로 확대될 것으로 예상된다. 같은 기간 동안 미국의 코봇 시장 규모는 연평균 29.9% 성장할 것으로 전망된다. 이러한 높은 성장 전망은 중소기업에서 코봇의 채택이 증가하기 때문이다. 이러한 기업들은 공유 업무 공간에서 인간과 상호 작용하고 제조 프로세스를 자동화하기 위해 코봇에 점점 더 많은 투자를 하고 있다. 그 성장은 산업의 기술 발전에 의해 더욱 확산될 전망이다.

코봇은 기존 산업용 로봇 대비 낮은 비용과 빠른 적용이 가능하다는 장점을 가지고 있어 최근 다양한 분야에서 적용이 가속되고 있다. 기존 산업용 로봇은 주변에 안전펜스를 설치해 작업자와 공간을 분리해야 되지만 협동로봇은 안전펜스를 설치하지 않아도 된다. 또 충돌에 대한 사전 감지 등이 가능하며 감지 즉시 동작을 멈추는 등 작업자 안전 확보에도 유용하다.

최근에는 클라우드 등과 결합해 사용한 만큼만 비용을 지불하면 되는 구독형 협동로봇 서비스(RaaS)도 지속적으로 출시되고 있다. KDB미래전략연구소는 미국 Hirerobotics와 일본 Chitose-Robotics는 시간당 각 33달러, 980엔이라는 사용료를 책정해 서비스를 제공 중이라고 설명했다. 국내에서는 뉴로메카가 'IndyGo'라는 협동로봇 리스 서비스를 운영 중에 있다.

코봇산업이 커지고 있는 상황에서 국내 기업이 가진 글로벌 경쟁력은 아직 약하다. KDB미래전략연구소는 국내 협동로봇 산업은 감속기나 서보모터 등 핵심부품에 대한 조달 경쟁력이 취약하며, 일본이나 독일 같은 코봇산업 선도국보다 연구개발·설계 및 생산 등 가치사슬 전반에서 경쟁력이 뒤떨어지고 있다고 진단했다. Industry 5.0에서 경쟁력을 갖기 위해서는 우리나라 코봇산업 경쟁력 확보가 시급한 것으로 사료된다.

우리나라 코봇산업의 국제경쟁력 확보를 위해서는 다음과 같은 전략과 노력이 필요하다.

● 기술 개발과 혁신

코봇산업은 로봇 기술과 인공지능 기술의 융합 분야입니다. 국제경쟁력을 확보하기 위해서는 지속적인 기술 개발과 혁신이 필요하다. 새로운 알고리즘, 센서 기술, 하드웨어 개발 등을 통해 코봇의 성능과 기능을 개선하고, 새로운 응용 분야를 개척해야 한다.

- 산업 생태계 구축

코봇산업의 성장을 위해서는 전문 기업들뿐만 아니라 다양한 기업들과 협력하는 산업 생태계를 구축해야 한다. 로봇 제조업체, 소프트웨어 개발업체, 센서 제조업체, 서비스 제공업체 등이 함께 협력하여 코봇에 필요한 다양한 부품과 기술을 공급하고, 서비스와 설루션을 개발해야 한다.

- 국제 표준화와 인증 획득

국제경쟁력을 갖춘 제품을 개발하려면 국제 표준을 준수하고, 각국의 인증을 획득해야 한다. 이를 통해 국내 제품이 국제시장에서 인정받을 수 있으며, 수출 활동이 원활해진다.

- 글로벌 시장 개척

국제경쟁력을 갖춘 제품을 해외 시장에 진출시켜야 합니다. 글로벌 마케팅과 판로 개척에 힘써야 하며, 해외 고객들과 협력사들과의 네트워킹이 필요하다.

- 인재 육성과 인력 양성

인공지능, 로봇 공학, 소프트웨어 개발 등 다양한 분야의 인재들을 육성해야 합니다. 높은 수준의 기술과 지식을 갖춘 인재들이 코봇산업의 성장과 혁신을 이끌 수 있다.

- 정책 지원과 협력

코봇산업은 산업간 융합이 강조되는 분야이기 때문에, 관련 정부 정책의 지원과 다른 산업과의 협력이 중요하다. 코봇산업의 성장을 촉진하기 위해 정부와 산업체가 협력하여 적극적으로 지원해야 한다.

이러한 다양한 노력과 전략을 통해 우리나라 코봇산업은 국제 경쟁력을 확보할 수 있으며, 글로벌 시장에서 성공적인 코봇 기업들이 성장할 수 있을 것이다.

Image: Shutterstock

그림 9 커피를 만드는 코봇인 바리스타 로봇(로봇 바리스타)이 준비된 재료로 카푸치노를 완성한 후 사람 또는 딜리버리 로봇에게 전달한다.

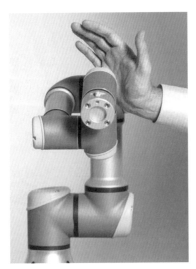

image: Universal Robots

그림 10 부드러운 피부와 힘을 제한하는 센서는 사람과 로봇이 충돌할 때 발생하는 에너지를 안전한 수준으로 유지하게 한다(Soft skin and force-limiting sensors keep the energy of any human-cobot collision at a safe level)

image: BMW Group MINI

그림 11 MINI Plant Oxford 생산 라인의 RITA, 자동차 크러플 존 사전 조립을 위한 부품 조립 지원(RITA on the MINI Plant Oxford production line, helping to assemble components for the car's crumple zone pre-assembly)

image: Universal Robots

그림 12 코봇의 핵심은 인간과 함께 장벽 없이 안전하게 일한다는 것이다(The key to cobots is that they work safely with humans without barriers)

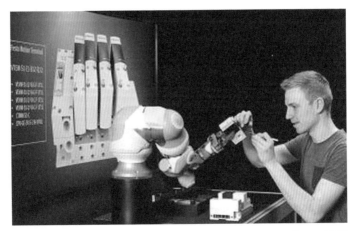

그림 13 코봇은 영국의 기술 격차를 메우는 데 도움을 주고, 인적 자본을 더 생산적인 역할을 할 수 있도록 하는 데 큰 역할을 한다(Cobots have an obvious role in helping to fill the UK's skills gap, freeing up human capital for more productive roles)

참고 문헌(웹사이트)

Ai타임스, https://www.aitimes.com

Bloomberg,
https://www.bloomberg.com/press-releases/2022-11-04/collaborative-robot-cobot-market-worth-9-2-billion-by-2028-exclusive-report-by-marketsandmarkets#:~:text=Collaborative%20Robot%20%28Cobot%29%20Market%20Worth%20%249.2%20Billion%20by,2028%20according%20to%20a%20new%20report%20by%20MarketsandMarkets%E2%84%A2

The Manufacturer, https://www.themanufacturer.com

What Are Cobots? Types, Benefits, Use Cases, And Challenges,
https://www.g2.com/articles/cobots

Wikipedia, https://en.wikipedia.org

Wired Workers, https://www.wiredworkers.io, https://www.wiredworkers.io/cobot

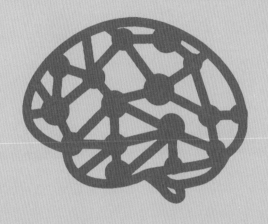

4

Brain-Machine-Interface(BMI)
뇌–기계-인터페이스, 생각만으로 기계를 움직인다

이인식

지식융합연구소 소장. ESG청색기술포럼 대표. 국가과학기술자문회의 위원(노무현 정부), 문화창조아카데미 총감독(박근혜 정부) 역임. 과학칼럼니스트. 신문에 560편, 잡지에 170편 이상 기명칼럼 연재하고, 중고등 교과서와 지도서에 160여 편의 글이 수록되었다. 저서 53권을 펴내고, 제1회 한국공학한림원 해동상, 제47회 한국출판문화상, 2006년 〈과학동아〉 창간 20주년 최다 기고자 감사패, 2008년 서울대 자랑스런 전자동문상을 받았다.

뉴럴링크의 인체 칩은 시각을 잃었거나 근육을 움직이지 못하는 사람들에게
이를 가능하게 하는 것을 목표로 한다
— 일론 머스크

1

BMI 기술의 개념

2009년 할리우드 영화 〈아바타〉는 주인공의 생각이 아바타(분신)로봇을 통해 그대로 행동으로 옮겨지는 장면을 보여준다. 뇌를 컴퓨터나 로봇 같은 기계장치에 연결하여 손을 사용하지 않고 생각만으로 제어하는 기술은 뇌-기계 인터페이스(BMI : brain-machine interface) 또는 마음-기계 인터페이스(MMI : mind-machine interface)라고 한다.

BMI 또는 MMI에는 네 가지 접근방법이 있다.

첫째는 뇌의 활동 상태에 따라 주파수가 다르게 발생하는 뇌파를 이용하는 방법이다. 1924년 독일의 정신과 의사인 한스 베르거(Hans Berger)는 자기 아들의 두피에 전극을 부착하여 대뇌의 전기적인 활동, 곧 뇌파를 기록한 연구논문을 발표하였다. 이 논문이 뇌전도(EEG) 연구의 효시이다. EEG(electroencephalogram)는 신경세포(뉴런)의 활동전위를 미시적으로 측정하는 것과는 달리 뇌의 거시적인 전위를 기록할 수 있으므로 1,000억 개에 달하는 전체 뉴런 집단의 전기적 활동을 파악할 수 있다.

뇌파를 이용하는 BMI 기술은 먼저 머리에 띠처럼 두른 장치로 뇌파를 모은다. 이 뇌파를 컴퓨터로 보내면 컴퓨터가 뇌파를 분석하여 적절한 반응을 일으킨다. 컴퓨터가 사람의 마음을 읽어서 스스로 작동하는 셈이다.

둘째는 특정 부위 뉴런의 전기적 신호를 활용하는 방법이다. 뇌의 특정 부위에 미세전극이나 반도체 칩을 심어 뉴런의 신호를 포착한다. 일종의 뇌 이식(brain implant) 장치를 사용하는 것이다.

셋째는 기능성 자기공명영상(fMRI) 장치를 사용하는 방법이

그림 1
뇌-기계 인터페이스 기술은 사람의 뇌파로 기계를 움직인다

다. fMRI는 어떤 생각을 할 때 뇌 안에서 피가 몰리는 영역의 영상을 보여준다. 사람을 fMRI 장치에 눕혀놓고 뇌의 영상을 촬영하여 이 자료로 로봇을 움직이는 프로그램을 만든다.

넷째는 스텐트를 사용하는 방법이다. 스텐트는 혈관 안에 폐색을 막고 통로를 확보하기 위해 혈관에 삽입하는 장치이다. 심장에 스텐트를 삽입하는 것과 유사하게 뇌의 혈관 안에 스텐트와 같은 전극을 영구적으로 이식하면 뇌의 전기신호를 읽고 컴퓨터 신호로 전환하여 생각만으로 컴퓨터를 조작할 수 있다.

네 가지 BMI 기술은 뇌 수술의 정도에 따라 다시 세 종류로 나뉜다.

첫째는 두개골을 절개하는 수술로 뇌의 특정 부위에 뇌 이식장치를 삽입하는 침습형(invasive)이다. 두 번째 BMI 기술이 이에 해당된다.

둘째는 뇌 수술을 하지 않고 뇌 표면에서 뇌파를 모으는 비침습형(non-invasive)이다. 첫 번째 BMI 기술이 이에 해당한다.

침습형 BMI는 정확한 뇌파 측정이 가능하지만 뇌에 손상을 가할 위험이 있다. 반면에 비침습형 BMI는 두개골을 개방하는 수술을 하지 않고 간편하게 뇌파를 측정하지만 뇌파의 정확도가 떨어지는 단점이 있다. 따라서 이 두 가지 BMI 방법을 절충하는 중재형(interventional) BMI가 등장했다. 두개골을 절개하지 않으면서도 뇌의 혈관을 타고 뇌 안에 이식장치를 집어넣는 방법이므로 최소침습형(minimally invasive)이라고도 한다. 중재형 BMI는 뇌의 손상은 최소화하면서 뇌파 측정의 정확도는 높이는 것으로 알려졌다. 네 번째 BMI 기술이 이에 해당한다.

BMI 기술은 초창기부터 첫째와 둘째 방법이 경쟁적으로 연구 성과를 쏟아내기 시작했다.

1998년 3월 최초의 BMI 장치가 선보였다. 미국의 신경과학자 인 필립 케네디(Phillip Kennedy)가 만든 이 BMI 장치는 뇌졸중으로 쓰러져 목 아랫부분이 완전 마비된 환자의 두개골에 구멍을 뚫고 이식되었다. 그는 눈꺼풀을 깜박거려 겨우 자신의 뜻을 나타 낼 뿐 조금도 몸을 움직일 수 없는 중환자였다. 케네디의 BMI 장 치에는 미세전극이 한 개밖에 없었다. 사람 뇌에는 운동 제어에 관련된 신경세포가 수백만 개 이상 있으므로 한 개의 전극으로 신호를 포착하여 몸의 일부를 움직일 수 있다고 생각한 것 자체 가 엉뚱할 수 있었다. 하지만 케네디와 환자의 끈질긴 노력 끝에 생각하는 것만으로 컴퓨터 화면의 커서를 움직이는 데 성공했 다. 케네디는 사람의 뇌에 이식한 미세전극이 뉴런의 신호를 받 아 컴퓨터로 전달하는 방식으로 손을 쓰는 대신 생각만으로 기 계를 움직일 수 있는 BMI 실험에 최초로 성공하는 기록을 세운 것이다.

1999년 2월 독일의 신경과학자인 닐스 비르바우머(Niels Birbaumer) 는 목이 완전 마비된 환자의 두피에 전자장치를 두르고 뇌파를 활용하여 생각만으로 1분에 두 자꼴로 타자를 치게 하는 데 성 공했다.

1999년 6월 브라질 출신의 미국 신경과학자인 미겔 니코렐 리스(Miguel Nicolelis)는 케네디의 환자가 컴퓨터 커서를 움직이던 것과 똑같은 방식으로 생쥐가 로봇 팔을 조종하는 실험 결과를 내놓았다. 이어서 2000년 10월 부엉이원숭이를 상대로 실시한 BMI 실험에 성공했다. 원숭이 뇌에 머리카락 굵기의 가느다란 탐침 96개를 꽂고 원숭이가 팔을 움직일 때 뇌의 신호를 포착하여 이 신호로 로봇 팔을 움직이게 한 것이다. 또 원숭이 뉴런의 신호를 인터넷으로 약 1,000km 떨어진 장소로 보내서 로봇 팔을 움직이는 실험에도 성공했다. BMI 기술로 멀리 떨어진 곳의 기계장치를 원격조작할 수 있음을 보여준 셈이다.

2003년 6월 니코렐리스는 붉은털원숭이의 뇌에 700개의 미세전극을 이식하여 생각하는 것만으로 로봇 팔을 움직이게 하는 데 성공했다. 2004년에는 32개의 전극으로 사람 뇌의 활동을 분석하여 신체가 마비된 환자들에게 도움이 되는 BMI 기술 연구에 착수했다.

2004년 9월 미국의 신경과학자인 존 도노휴(John Donoghue)는 자신이 창업한 회사에서 뇌에 이식하는 반도체 칩인 브레인게이트(BrainGate)를 개발했다. 사람 머리카락보다 가느다란 전극 100개로 구성된 이 장치는 팔·다리를 움직이지 못하는 25세 청년의 신경세포 100개에 접속되도록 운동피질에 1mm 깊이로 심어졌다. 9개월이 지나서 이 환자는 생각만으로 컴퓨터 커서를 움직여 전자우편을 보내고 게임도 즐기고, 텔레비전을 켜서 채널을 바꾸거나 볼륨을 조절하는 데 성공했다. 또 자신의 로봇 팔, 곧 의수를 마음대로 사용할 수 있었다. 도노휴의 브레인게이트는 2006년 7월 영국 과학학술지 〈네이처〉에 표지 기사로 실려

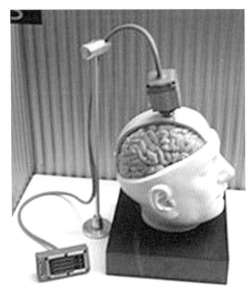

세계 언론의 주목을 받았다.

2008년 5월 미국의 신경과학자인 앤드루 슈워츠(Andrew Schwartz)는 원숭이가 생각만으로 로봇 팔을 움직여 음식을 집어먹도록 하는 데 성공했다고 밝혔다. 원숭이 두 마리 뇌의 운동피질에 머리카락 굵기의 탐침을 꽂고 이것으로 측정한 신경신호를 컴퓨터로 보내서 로봇팔을 움직여 꼬챙이에 꽂혀 있는 과일 조각을 뽑아 자기 입으로 집어넣게 만들었다.

2
BMI 기술의 발전

BMI 기술은 필립 케네디처럼 뉴런의 신호를 이용하는 침습형 방법과 닐스 비르바우머처럼 뇌파를 활용하는 비침습형 방법으로 양분되어 발전을 거듭하고 있다.

2012년 7월 제3의 BMI 방법인 fMRI 사용 기술이 처음으로 실험에 성공했다. 이스라엘·프랑스의 공동 연구진은 먼저 이스라엘의 fMRI 장치에 누워 있는 대학생의 뇌 활동을 촬영한 영상을 분석하여 로봇 작동 프로그램을 만들었다. 이 프로그램은 인터넷을 통해 프랑스에 있는 아이처럼 생긴 로봇에 전달되어 대학생의 생각만으로 이 로봇을 움직이는 데 성공한 것이다.

2013년에는 동물의 뇌를 서로 연결하여 생각만으로 소통하는 기술, 곧 뇌-뇌 인터페이스(BBI : brain-brain interface)의 실현 가능성을 보여준 실험 결과가 세 차례 발표되었다.

첫 번째 실험 결과는 미겔 니코렐리스가 동물의 뇌 사이에 BBI를 실현한 것이다. 온라인 국제학술지 〈사이언티픽 리포트〉 2월 28일 자에 실린 논문에서 니코렐리스는 "미국 듀크대학의 쥐와 브라질에 있는 쥐 사이에 인터넷을 통해 뇌를 연결하고 신호를 전달하는 실험에 성공했다"고 보고했다. 듀크대 쥐는 붉은빛을 보면 레버(지레)를 누르고, 브라질 쥐는 듀크대 쥐가 보내는 신호에 의해 뇌가 자극되면 레버를 누르게끔 훈련을 시켰다. BBI실험을 10회 반복한 결과 일곱 번이나 브라질 쥐가 듀크대 쥐의 뇌 신호에 정확히 반응하여 레버를 눌렀다. 이는 두 생물의 뇌 사이에 신호가 전달되어 정확히 해석될 수 있음을 처음으로 보여준 역사적 실험으로 여겨진다.

두 번째 실험 결과는 미국 하버드대 의대 유승식 교수와 고려대 박신석 교수가 동물의 뇌와 사람 뇌 사이에 BBI를 실현한 것이다. 온라인 국제학술지 〈플로스원〉 4월 4일 자에 실린 논문에서 유승식 교수는 "사람의 뇌파를 초음파로 바꿔 쥐의 뇌에 전달하여 쥐 꼬리를 움직이게 하는 실험에 성공했다"고 밝혔다. 머리에 뇌파를 포착하는 두건을 쓴 사람이 쥐의 꼬리를 움직여야겠다는 생각을 한다. 컴퓨터가 이때 발생하는 뇌파를 분석하여 초음파 신호로 바꾼다. 이 초음파 신호는 무선으로 공기를 통해 쥐의 뇌로 전송되었으며 약 2초 뒤에 쥐 꼬리가 움직였다.

세 번째 실험 결과는 미국 워싱턴대 컴퓨터과학 교수 라제시 라오(Rajesh Rao)와 심리학 교수 안드레아 스토코(Andrea Stocco)가 사람과 사람 뇌 사이에 BBI를 실현한 것이다. 라오는 뇌파를 포착하는 두건을 쓰고 스토코는 경두개자기자극(TMS) 헬멧을 착용했다. TMS는 두개골을 통해 자장을 뇌에 국소적으로 통과시켜 신경세포를 자극하는 기술이다. 인터넷으로 연결된 두 사람은 비디오게임을 했다. 라오는 비디오게임의 화면을 보면서 손을 사용하지 않고 단지 조작할 생각만 하는 역할을 맡았다. 이때 라오의 뇌파는 컴퓨터에 의해 분석되어 인터넷을 통해 스토코의 머리로 전송되었다. 스토코 머리의 TMS 헬멧은 라오가 보낸 뇌 신호에 따라 신경세포를 자극했다. 라오가 게임을 조작하려고 생각했던 그대로 스토코의 손이 움직여 키보드를 누르려 했다. 물론 스토코는 자신의 손이 움직이는 것을 사전에 알아차리지 못했다. 2013년 8월 12일의 이 실험은 아직 스토코의 생각도 라오에게 전달되는 쌍방향 BBI 수준은 아니지만 사람의 뇌끼리 정보를 전달할 수 있음을 최초로 보여준 획기적 사건으로 기록된다.

2014년에 BMI 기술의 놀라운 연구 성과가 세 차례 발표되었다.

1월에 독일 뮌헨공대의 '뇌 비행(Brainflight)' 프로젝트 연구진은 사람이 생각만으로 시뮬레이션(모의) 비행기를 이·착륙시키는 실험에 성공했다. 이 실험에 참가한 7명 중에는 비행기 조종 경험이 전혀 없는 사람도 있었다. 그러나 이들은 모두 머리에 뇌파를 모으는 장치를 쓰고 생각만으로 모의비행기를 조종하는 데 성공했다.

6월 12일 열린 2014 브라질 월드컵 개막전에서 브라질 대통령이나 축구영웅 펠레가 시축하지 않고 하반신이 마비된 29세 브라질 청년이 외골격(exoskeleton)을 착용하고 걸어 나와 공을 찼다. 이 외골격은 뇌파로 제어되는 일종의 입는 로봇이다. 시축 행사는 니코렐리스가 이끄는 국제 공동 연구인 '다시 걷기(Walk Again)' 프로젝트에 의해 추진되었다. 니코렐리스는 1961년 브라질 태생이다.

11월 11일 BMI 기술을 광유전학(optogenetics)과 융합한 연구성과가 국제학술지 〈네이처 커뮤니케이션즈〉에 발표되었다. 2006년 미국의 카를 다이서로스(Karl Deisseroth)가 소개한 광유전학은

광학과 유전공학 기술을 이용하여 뉴런의 활동을 조절하는 학문이다. 외과수술을 통해 빛에 민감하면서 세포를 활성화하는 유전자를 뉴런에 직접 삽입한 뒤에 빛을 쪼이면 해당 부위의 뉴런이 활성화된다. 이런 유전자, 곧 빛 스위치를 껐다 켰다 하면서 뉴런의 활동을 제어하므로 특정 행동이 조절된다. 가령 빛 스위치를 켜면 "과일파리가 갑자기 날아오르고, 꿈틀대는 지렁이가 조용해지며, 가만히 있던 쥐가 미친 듯이 달리게 할 수 있는 것"이다. 이런 맥락에서 스위스의 마틴 푸세네거(Martin Fussenegger)는 전신마비 환자들도 BMI 장치에 광유전학 스위치를 결합하면 생각만으로 특정 행동이 유발될 수 있다는 연구성과를 발표한 것이다. 이는 세계 최초의 뇌-유전자 인터페이스(brain-gene interface) 실험으로 여겨진다.

2016년 2월에 BMI 스타트업인 싱크론(Synchron)이 뇌에 스텐트와 같은 전극을 이식하여 생각만으로 컴퓨터를 조작할 수 있는 스텐트로드(Stentrode) 기술을 공개했다. 이 장치는 두개골을 절개하지 않고 목의 혈관을 타고 뇌로 들어가므로 최소침습형 또는 중재형 BMI라고 한다. 2010년 호주의 신경과학자인 토머스 옥슬리(Thomas Oxley)가 스텐트로드를 개발하고 창업한 기업이 싱크론이다. 싱크론은 스텐트로드가 뇌졸중 환자의 생각을 문장으로 변환할 것으로 기대하고, 2021년 8월 미국 식품의약국(FDA)으로부터 사람에게 스텐트로드로 임상 실험하는 것을 승인받았다.

2017년 4월에 페이스북은 생각-문자 타이핑(thought-to-text typing)', 곧 마음으로 타자를 하는 BMI 기술 개발 계획을 공개했다. 스마트폰 사용자가 말을 하지 않아도 마음을 읽어 문자를 치도록 하는 기술이다. 9월에는 남아프리카 공화국 연구진이 뇌파 신호를 인터넷에 연결하는 데 성공했다. 브레인터넷(Brainternet)이라 명명된 이 연구는 사람 뇌와 인터넷을 실시간으로 처음 접속한 성과로 평가된다.

2021년 5월에 패러드로믹스(Paradromics)는 사지가 마비된 사람들의 뇌 신호를 텍스트 또는 합성음성으로 변환하는 실험에 성공했다. 사지 마비 환자가 1분에 18개 단어를 94% 정확도로 변환했다. 전신마비 환자의 뇌 활동 신호를 포착하여 문장으로 변환한 첫 번째 실험으로 평가된다. 패러드로믹스는 2015년에 설립된 신경공학 스타트업이다.

2022년 10월에 카이스트 뇌인지과학과의 정재승 교수와 서울의대 신경외과의 정천기 교수가 공동연구를 하여 생각만으로 로봇 팔을 원하는 방향으로 제어하는 BMI 기술을 개발했다. 정재승 교수는 "이번 기술은 향후 의수를 대신할 로봇 팔을 상용화하는 데에도 크게 기여할 것으로 기대된다"고 말했다.

2022년 11월에 뉴럴링크(Neuralink)는 시각 이식장치(vision implant)를 원숭이 뇌의 시각피질에 심어 임상실험 중이라고 발표했다. 2016년 테슬라 최고경영자인 일론 머스크(Elon Musk)가 설립한 신경공학 스타트업인 뉴럴링크는 쥐, 원숭이, 돼지의 뇌에 컴퓨터 칩을 삽입하는 실험으로 1,500마리를 희생시켜 동물 학대 논란에 휘말렸다.

출처: 뉴럴링크

그림 3 원숭이 뇌에 전자 칩을 삽입한 뒤 간단한 훈련으로 처음에는 조이스틱을 사용했지만 나중에는 생각만으로 비디오게임을 진행하도록 하는 데 성공했다

머스크는 "6개월 안에 사람을 대상으로 하는 임상실험을 시작할 것"임을 예고하고, "뉴럴링크의 인체 칩은 시각을 잃었거나 근육을 움직이지 못하는 사람들에게 이를 가능하게 하는 것을 목표로 한다"면서 "선천적으로 맹인으로 태어나 눈을 한 번도 뜨지 못한 사람도 시각을 가질 수 있을 것"이라고 강조했다. 2023년 5월에 뉴럴링크는 FDA로부터 사람 대상의 임상실험 승인을 받았다고 밝혔다.

2023년 5월에 중국 난카이대학 연구진과 스위스 로잔연방공과대학 연구진은 각각 BMI 연구성과를 발표했다. 난카이대는 원숭이 목 부위 혈관에 반도체 칩을 삽입하는 스텐트 기술로 원숭이의 뇌 신호를 로봇에 전달하여 원숭이가 먹이를 잡고 있는 로봇 팔을 생각대로 동작하도록 하는 데 성공했다고 발표했다.

로잔연방공대 연구진은 12년 전 교통사고로 하반신이 마비된 40대 남성이 BMI 기술로 걸을 수 있게 하는 데 성공했다. 뇌와 척수에 생체 신호를 무선으로 주고받을 수 있는 센서를 삽입하여 뇌 신호가 부상당한 척수 부위를 우회하여 다리에 전달되도록 한 것이다. 이 남성은 BMI 장치를 삽입한 뒤 적응 훈련을 거쳐 스스로 걸음을 옮기고 계단도 올라갈 수 있었으며 1년 후에는 BMI 장치 전원을 끄고도 목발을 짚고 스스로 걸을 수 있을 정도가 되었다.

2023년 8월에는 인공지능 기술을 BMI에 활용한 연구성과가 두 차례 발표되었다.

출처: 로잔연방공대

그림 4 교통사고로 하반신이 마비된 40대 남성이 뇌-기계 인터페이스 기술을 통해 걸을 수 있게 되었다.

8월 15일 미국 버클리 캘리포니아대학 연구진은 뇌전증(간질) 환자 29명에게 음악을 들려주고 이들의 뇌파를 인공지능으로 해독하여 환자들이 마음으로 떠올린 음악을 다시 구성하는 데 성공했다는 논문을 발표했다. 이를테면 말을 하지 못하는 사람이 마음속으로 떠올리는 음악의 멜로디와 가사까지 우리가 함께 들을 수 있는 세상이 실현되고 있는 셈이다.

8월 23일 미국 스탠퍼드대학 연구진은 국제학술지 〈네이처〉에 루게릭병으로 입과 목의 근육이 마비되어 말을 할 수 없던 68세의 전직 승마선수가 인공지능을 활용한 BMI기술로 대화를 하게 되었다는 논문을 발표했다. 인공지능은 이 환자의 뇌파를 분석하여 환자가 떠올리는 단어 사이의 문맥을 읽어 75% 정확도로 문장을 만들어냈다. 이 환자는 분당 62 단어 속도로 대화가 가능했다. 보통 사람의 대화 속도는 분당 150~200 단어이다.

3

BMI 기술의 활용

뇌-기계 인터페이스 기술을 활용한 제품도 잇따라 발표되고 있다.

전신마비 환자들이 생각하는 것만으로 혼자서 휠체어를 운전할 수 있는 기술이 실현되었다. 2009년 5월 스페인에서, 6월 일본에서 각각 생각만으로 움직이는 휠체어가 개발되었다. 스페인의 휠체어 사용자는 16개의 전극이 달린 두건을 쓰는 반면에 일본의 제품은 5개의 전극이 오른쪽과 왼쪽에 각각 두 개와 가운데에 한 개가 달린 두건을 쓴다. 두건의 뇌파 측정 장치는 전신마비 환자가 생각을 할 때 뇌파의 변화를 포착한다. 이 신호를 받은 컴퓨터는 환자가 어떤 동작을 생각하는지 판단하여 휠체어의 모터를 작동시킨다.

손을 쓰지 못하는 척추장애인들이 원하는 시간과 장소에서 소변을 볼 수 있게끔 뇌파로 작동하는 방광 제어장치도 개발되었다.

한편 뇌파를 이용하는 BMI 기술은 비디오게임은 물론 스포츠, 교육, 마케팅 분야에서까지 널리 실용화된다.

2008년 초에 미국 이모티브(Emotive) 시스템즈는 생각만으로 게임을 조작하는 주변장치인 에폭(EPOC)을 선보였다. 머리에 쓰는 헤드셋처럼 생긴 에폭에는 16개의 뇌파감지 센서가 달려 있어 마음만 먹으면 밀기·들어올리기·회전하기와 같은 간단한 행동을 게임 속의 캐릭터에게 명령할 수 있다. 특히 분노·흥분·긴장 등 사람의 감정 변화와 미소·곁눈질 등 얼굴 표정까지 판독하여 사용자가 화를 내면 게임 속의 캐릭터도 얼굴을 찌푸리고 사용자가 웃으면 캐릭터도 따라 웃는다.

2009년 마텔(Mattel)은 뇌파를 사용하여 공을 장애물 사이로 굴리는 게임인 마인드플렉스(Mindflex)를 발매했다. 가장 많이 팔리는 뇌파 게임으로 알려졌다.

2011년 EEG 헤드셋 전문 기업인 미국의 뉴로스카이(NeuroSky)는 100달러짜리 헤드셋인 마인드웨이브(MindWave)를 출시했다. 마인드웨이브는 뇌파 감지 센서가 한 개밖에 달려 있지 않지만 성능이 뛰어나서 미국 올림픽 대표팀의 양궁 선수들이 마음의 평정을 유지하는 데 활용되기도 했다. 뉴로스카이의 협력회사는 골프 선수가 모자처럼 쓰는 EEG 헤드셋도 내놓았다. 뇌파 감지 센서가 두 개 달린 이 헤드셋을 착용하고 골프 시합을 하면 스윙할 때처럼 중요한 순간에 정신 집중 상태를 파악할 수 있으므로 주의가 산만해지는 것을 방지할 수 있다.

뇌파 BMI 기술은 신경마케팅(neuromarketing)에도 활용된다. 신경마케팅은 소비자의 구매동기에 영향을 미치는 뇌의 구조와 기능을 연구하여 상품의 판매 및 광고 전략을 수립하는 분야이다. 2011년 3월 간단한 EEG 헤드셋으로 소비자의 뇌 속에서 일어나는 구매 욕구, 상품에 대한 호기심, 광고에 대한 반응을 측정할 수 있는 것으로 알려졌다.

4
BMI 기술의 미래

2009년 1월 버락 오바마 미국 대통령이 취임 직후 일독해야 할 보고서 목록에 포함된 〈2025년 세계적 추세Global Trends 2025〉에는 2025년 미국의 국가 경쟁력에 미칠 효과가 막대할 것으로 여겨지는 현상 파괴적 기술의 하나로 BMI가 포함되어 있다. 2020년 군사용 로봇에 BMI 기술이 적용되어 생각 신호로 조종되는 무인 차량이 군사작전에 투입될 것으로 예측되었다. 이를테면 병사가 타지 않은 BMI 탱크를 먼 거리에서 마음먹은 대로 움직일 수 있다는 것이다.

니코렐리스 역시 이와 비슷한 전망을 내놓았다. 2011년 3월 펴낸 저서인 『경계를 넘어서Beyond Boundaries』에서 니코렐리스는 "앞으로 10~20년 안에 사람의 뇌와 각종 기계장치가 연결된 네트워크가 실현될 것"이라고 전망하고, "인류가 생각하는 것만으로 컴퓨터를 사용하고 자동차를 운전할 뿐만 아니라 다른 사람과 의사소통하는 세상이 다가오고 있다"고 강조했다. 그는 BMI 기술의 발달로 "인류는 생각만으로 제어되는 자신의 아바타를 이용하여 접근이 불가능하거나 위험한 환경, 예컨대 원자력발전소, 깊은 바닷속, 우주 공간 또는 사람의 혈관 안에서 임무를 수행할 수 있다"고 주장하였다. 이를 위해서는 뇌-기계-뇌 인터페이스(BMBI) 기술이 실현되어야 한다.

BMBI는 사람 뇌에서 기계로 신호가 한쪽 방향으로만 전달되는 BMI와 달리 사람 뇌와 기계 사이에 양쪽 방향으로 정보가 교환된다. 니코렐리스는 2020~2030년 안에 BMBI가 실현되면 "듣지도, 보지도, 만지지도, 붙잡지도, 걷지도, 말하지도 못하는 수백만 명에게 신경 기능을 회복시켜줄 것"이라고 전망했다. 니코렐리스는 이 책에서 뇌-기계-뇌 인터페이스 기술이 완벽하게 실현되면 인류는 궁극적으로 몸에 의해 뇌에 부과된 '경계를 넘어서는' 세계에 살게 될 것이며 결국 사람 뇌를 몸으로부터 자유롭게 하는 놀라운 순간이 찾아올 것이라고 주장했다.

니코렐리스는 뇌가 몸으로부터 완전히 해방되면 사람의 뇌끼리 서로 연결되는 네트워크, 곧 뇌 네트(brain net)가 구축되어 생각만으로 소통하는 뇌-뇌 인터페이스(BBI) 시대가 올 것이라고 내다보았다. 미국 물리학자인 미치오 카쿠(Michio Kaku)는 2014년 2월에 펴낸 『마음의 미래 The Future of the Mind』에서 뇌 네트를 '마음 인터넷(Internet of the mind)'이라 부를 것을 제안했다.

BBI 기술이 쌍방향 소통 수단으로 실현되면 인류가 마음 인터넷으로 생각과 감정을 텔레파시처럼 전 세계 모든 사람과 실시간으로 교환하게 되고, 꿈도 동영상으로 찍어 실시간으로 전송하는 브레인메일(brain-mail)이 등장할 수도 있다.

2010년 미국 국방부(펜타곤)는 '침묵의 대화(Silent Talk)'라는 프로젝트에 400만 달러의 예산을 편성했다. 전쟁터에서 병사끼리 목소리를 사용하지 않고, 신경신호로 상호작용하는 방법을 개발하는 이른바 텔레파시 프로젝트이다.

미국의 이론물리학자인 프리먼 다이슨(Freeman Dyson)이나 영국의 로봇 공학자인 케빈 워릭(Kevin Warwick)이 일찌감치 꿈꾼 대로 텔레파시 시대가 실현될 가능성이 갈수록 커지는 것 같다. 1997년 펴낸 『상상의 세계 Imagined World』에서 다이슨은 21세기 후반에 인류가 텔레파시 능력을 갖게 될 가능성을 언급했고, 2002년 펴낸 『나는 왜 사이보그가 되었는가 I, Cyborg』에서 워릭은 2050년 지구를 지배하는 사이보그들이 생각을 신호로 보내 의사소통하게 될 것이라고 주장했다.

21세기 후반에 뇌-뇌 인터페이스 장치를 뇌에 이식한 사람들이 전 세계의 마음 인터넷에 접속되면 말 한마디 건네지 않고도

오로지 생각하는 것만으로 지구촌의 수많은 사람과 마음을 주고받게 될지 모른다. 그러면 정녕 휴대전화는 물론 언어도 쓸모 없는 세상이 오고야 말 것인지 누가 알겠는가.

참고 문헌

『따뜻한 기술』(이인식 기획, 고즈윈, 2012)

『뇌의 미래』(미겔 니코렐리스, 김영사, 2012)

『마음의 미래』(미치오 카쿠, 김영사, 2015)

Brain-Computer Interface(Kevin Roebuck, Tebbo, 2011)

Brain-Computer Interfaceing(Rajesh Rao, Cambridge University Press, 2013)

Brain-Computer Interface Technologies(Claude Clement, Springer, 2020)

5

Artificial Intelligence(AI)
인간과 협력하는 핵심 기술, 인공지능

이명호

(사)케이썬(구 창조경제연구회) 이사장과 (사)미래학회 부회장으로 미래를 준비하는 혁신과 창조 생태계에 대한 연구와 강연, 기고 등의 활동을 하고 있다. 민간 싱크탱크인 창조경제연구회, 여시재, 태재연구재단 등에서 과학기술과 국가 혁신 전략 등을 연구했다. 저서로 《디지털 쇼크 한국의 미래》, 《노동 4.0》 등이 있고 이외 수십여 권의 공저와 보고서를 출간했다. 연세대학교 공대, KAIST IT-MBA와 기술경영 박사과정을 수료했다.

1

왜 인공지능 기술이 중요한가?

기술적 도약 중심의 인더스트리(Industry) 4.0에서 인류-지구-번영을 위한 인더스트리 5.0으로 전환하는 데 있어서 여전히 인공지능(AI)*은 중요한 기술이다. 인더스트리 5.0을 추진하는 유럽위원회(European Commission: EC)도 인공지능을 인더스트리 5.0의 여러 측면에서 활용될 수 있는 핵심 기술로 인식하고 있다. 디지털전환** 추진한다는 점에서 인더스트리 4.0과 5.0은 동일한 기술적 기반을 갖고 있지만, 인더스트리 5.0은 인공지능과 인간의 협력 방식과 추구하는 목표에서 다른 지향점을 보이고 있다. 인더

• 인공지능(Artificial Intelligence)은 인간의 학습, 추론, 지각 등의 능력을 인공적으로 구현하려는 컴퓨터 과학 또는 그 결과체를 의미한다.
•• 디지털 전환(Digital Transformation)은 일반적인 작동 및 업무의 구조와 방식을 디지털로 바꾸는 것을 의미한다. 디지털 전환은 기업에서부터 사회구조까지 광범위한 분야에서 작동 방식 및 구조를 디지털로 바꾸거나 디지털 기술을 적용한 것을 포함한다.

스트리 4.0이 인공지능을 제조 생산성 혁신에 필요 기술로 보고 있다면, 인더스트리 5.0에서는 인간중심의 인공지능, 특히 인공지능과 협력하는 인간의 혁신적 역할, 창의성 증대에 더 주목하고 있다. 이를 통해 인공지능은 인더스트리 5.0이 추구하는 지구의 지속가능성, 산업의 회복 탄력성, 인류의 번영을 달성하는 데 필요한 핵심 기술이며 설루션이 될 수 있다.

2
AI, 인더스트리 5.0의 핵심 기술

인더스트리 5.0을 달성하기 위해서는 새로운 기술 발전, 특히 인간중심적 기술 발전이 뒷받침되어야 한다. 인더스트리 4.0이 디지털화, 특히 사물 인터넷 기반의 디지털화를 지향한다면 인더스트리 5.0은 사람-지구-번영을 위한 디지털화를 지향하고 있다. 인더스트리 5.0은 상품 및 서비스의 생산을 통한 수익 극대화를 목적으로 하는 기존의 개념에서 확장하여, 인간중심(Human-centric), 지속가능성(Sustainable) 및 탄력성(Resilient)의 세 가지를 추구하는 산업의 새로운 비전을 제시하고 있다(EC, 2022).

EC에서 정의한 인더스트리 5.0의 첫 번째는 인간중심이다. 산업에서 인간중심의 접근방식은 생산의 효율성 극대화를 위한 생산 프로세스에서 인간의 필요성과 역할에 중점을 두고 있다. 두 번째 요소는 지속 가능성이다. 지구환경의 보호를 위해, 천연 자원을 재사용, 재이용 및 재활용하고 폐기물과 환경에 미치는 영향을 줄이는 순환 프로세스 개발을 지향하고 있다. 세 번째 요소는 회복 탄력성이다. 산업 생산에서 높은 수준의 견고함과 위기상황에서 중요한 인프라 제공을 지향한다.

이와 같은 인더스트리 5.0이 지향하는 3가지 핵심 요소를 달성하기 위해서는 산업 현장에서 사용할 수 있는 새로운 기술에 대한 연구개발과 혁신적인 노력이 필요하다. EC는 인더스트리 5.0을 달성하기 위한 6가지 기술을 다음과 같이 제시하고 있다

표 1 **EC에서 제시한 인더스트리 5.0 달성을 위한 핵심 기술**

1 개별화된 인간-기계의 상호 작용을 촉진하는 기술을 개발해 산업 현장에서 사용해야 한다.
2 생물영감기술 및 스마트 재료는 지구의 지속가능성을 높여주는 핵심 기술로서 중요하다.
3 디지털트윈* 및 시뮬레이션 기술**은 생산의 효율화와 혁신, 자원 절약을 가능하게 해준다.
4 데이터 전송, 저장 및 분석 기술은 산업의 디지털화를 위한 기본 기술이다.
5 인공지능은 인더스트리 5.0의 여러 측면에서 활용될 수 있는 핵심 기술이다.
6 에너지 효율성, 재생 에너지 및 저장을 위한 기술을 개발해야 자원순환경제를 달성할 수 있다.

출처: Julian Muller(2020)

- 디지털트윈(DigitalTwin)은 물리적 개체의 데이터를 기반으로 기능, 특성, 동작 등을 가상 환경인 디지털로 복제한 것으로, 물리적 객체와 쌍둥이를 이루는 가상의 객체를 의미한다. 가상 객체에 변화를 가하여 일어나는 변화가 물리적 객체의 변화와 같게 하여 물리적 객체에 변화를 가하기 전에 가상 객체에서 실험할 수 있는 장점이 있다.
- - 시뮬레이션(simulation)은 실제로 실행하기 어려운 과정을 간단히 작동하는 실험체를 만들어 행하는 모의실험을 의미한다. 컴퓨터를 이용한 모의실험을 컴퓨터 시뮬레이션이라고 하며, 최근에는 디지털트윈을 이용한 시뮬레이션으로 정교화되고 있다.

(Julian Muller, 2020).

그리고 구체적으로 고급 상관관계 분석 기술을 지칭하는 인공지능이 다음과 같은 여러 측면에서 더욱 발전해야 한다고 제시하고 있다(Julian Muller, 2020).

표 2 **인더스트리 5.0을 위한 인공지능 기술**

1 상관관계 기반뿐만 아니라 인과관계 기반 인공지능
2 상관관계 외의 관계 및 네트워크 효과 표시
3 사람의 지원 없이 새로운 상황이나 예상치 못한 상황에 대응할 수 있는 능력
4 떼지능[*]
5 뇌-기계 인터페이스[**]
6 개인 중심의 인공지능[***]
7 정보 기반 딥러닝[****](인공지능과 결합된 전문 지식)
8 인간과 작업의 기술 매칭
9 안전하고 에너지 효율적인 인공지능
10 시스템의 시스템 내에서 동적 시스템의 출처와 규모가 다른 복잡하고 상호 연관된 데이터 간의 상관 관계를 처리하고 찾는 능력

출처: Julian Muller (2020)

- [*] 떼지능(Swarm intelligence)이란 벌, 개미 등의 집단을 이루어 개별 개체에서 발현되지 않는 높은 수준의 지능을 의미한다.
- [**] 뇌-기계 인터페이스(Brain-machine interfaces)는 뇌에 외부 장치(컴퓨터)와 연결된 인공적인 칩을 이식하여 뇌와 외부장치 간의 직접적인 상호작용을 하는 방식을 의미한다. 뇌의 신호를 해석하고 뇌에 인위적인 신호를 보내어 신체를 작동하게 하거나 뇌의 신호로 외부 장치를 작동하게 할 수 있다.
- [***] 개별 인간의 특성에 맞게 개발된 개인 맞춤형 인공지능을 의미한다.
- [****] 딥 러닝(Deep Learning)은 인간의 뇌에서 신경 세포를 사용하는 방식과 유사한 알고리즘을 사용하는 인공지능 학습 방법을 의미한다.

인더스트리 5.0을 달성하기 위한 6가지 기술의 하나로 인공지능이 제시되어 있지만, 인공지능은 다른 3가지 기술(인간-기계의 상호작용 촉진, 디지털트윈 및 시뮬레이션 기술, 데이터 기술)에 직접 관련이 있고, 나머지 2가지 기술(바이오 기술과 에너지 기술)의 발전을 지원하는 기술이라고 할 수 있다. 그런 점에서 인공지능은 6가지 기술 중의 하나가 아니라, 인더스트리 5.0의 여러 측면에서 활용될 수 있는 핵심 기술로 EC는 주목하고 있다.

특히 인더스트리 5.0 비전을 실현하기 위해서는 개별 기술을 넘어 ① 인간과 기계의 강점을 결합하고, ② 전체 시스템의 디지털트윈을 만들고, ③ 사용하는 방법의 체계적인 접근 방식이 필요하다(Rozanec et al., 2022)는 점에서 인공지능은 인더스트리 5.0의 기반 기술이라고 할 수 있다.

3
인더스트리 5.0이 추구하는 대량 개인화 생산

증기동력기관과 방적기로 시작된 산업혁명 이후 기계는 전기동력, 컴퓨터 제어라는 새로운 기능과 능력을 갖추며 발전해 왔다. 인간의 수작업에 의해 움직이던 기계, 인간의 감독을 받는 기계에서 자율적으로 작동하는 지능화된 기계로의 발전하고 있다. 정해진 프로그램에 따라 작동하는 기계에서 상황을 인식하고 판단하고 결정하여 자율적으로 작동하는 지능화된 기계가 되고 있다. 지능화된 기계의 핵심은 인공지능 기술이다. 센서 등으로 입력된 데이터를 처리하는 알고리즘, 인공지능 기술은 인간만이 가지고 있었던 시각, 청각, 분류, 추론 등의 능력을 갖추기 시작했다. 이에 따라 기계와 인간의 상호작용 방식이 변화였으며, 기계를 조정하는 인간의 노동이 지능화된 기계에 의하여 변화하는 국면을 맞이하고 있다.

그동안 스마트 팩토리를 추구하는 인더스트리 4.0은 사물인터넷, 빅데이터, 인공지능, 가상-물리시스템 등의 기술을 기반으로 기계 작업의 최적화에 초점을 맞추고 있지만, 프로세스 구현에 사람의 참여를 소외시킨다는 지적을 받았다. 파괴적 혁신, 즉 제조 패러다임을 변화시키는 효과를 가져오는 설루션의 원천은 바로 사람이다. 따라서 기계의 효율성과 신뢰성에 더하여 '휴먼 터치'로 표현되는 사람의 혁신성이 결합된 시너지 효과가 최선의 해결책이다. 그런 측면에서 인더스트리 5.0은 효율적이고 지능적이며 정밀한 기계와 함께 일하는 인간 전문가의 창의성을 활용하는 것을 목표로 제시하고 있다. 인간과 기계가 짝을 이루어 공정을 더욱 효율적으로 만들고, 워크플로우를 지능형 시스템과 통합하여 인간의 두뇌와 창의성을 활용하는 공장으로 만들면 인간 인력을 다시 공장으로 불러올 수 있다(Pizo J, Gola A., 2023).

인더스트리 4.0은 주로 생산에서 인공지능에 초점을 맞춘 디지털화 즉, 고급 데이터 처리 기술의 구현 및 고급 알고리즘의 구현에 중점을 두고 있다. 이는 품질 향상은 물론 소품종 대량생

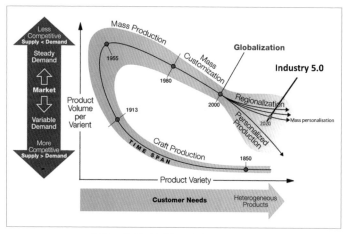

출처: Lu, Y.; Xu, X.; Wang, L. (2020); Pizo J, Gola A., 2023(재인용)

그림 1 **제조 패러다임의 변화와 변화 요인.**

산 시스템에서 다품종 대량맞춤 생산 시스템으로의 전환을 가
능하게 하였다. 한편 소비자들은 계속하여 자신만의 개성을 표
현할 수 있는 개인화된 상품을 요구하고 있다. [그림 1]과같이
제조 패러다임이 대량 개인화 생산을 시스템으로 발전하기 위
해서는 더 유연한 생산 시스템은 물론 새로운 소비자의 선호도
에 대한 통찰력과 창의성이 요구되고 있다. 인간의 적극적인 역
할을 중시하는 인더스트리 5.0은 이러한 대량 개인화 생산을 가
능하게 해주고 있다. 인간과 기계의 협업은 중요한 결정을 내리
는 데 큰 잠재력을 가지고 있다. 기계는 정보를 수집하고 불확실
성을 평가하며 주요 정보를 인간 의사결정권자에게 전달하여
인지 자원을 절약하는 데 더 많은 도움을 줄 수 있다. 또한, 인간
의사결정권자는 기계의 도움을 받아 자신의 판단에 대해 토론

하고 감정적 영향을 줄일 수 있다(Pizo J, Gola A., 2023). 이와 같이 인더스트리 5.0은 인공지능과 인간의 협력, 상호보완을 통하여 소비자들이 원하는 대량 개인화 생산에 맞는 더 유연하고 창의적인 생산 시스템을 가능하게 해주고 있다.

4
인더스트리 5.0을 위한 인공지능 기술 요소

소비자들이 원하는 대량 개인화 생산을 구현하는데 인공지능 역할이 절대적이다. 인공지능은 인간처럼 사고하고 추론할 수 있는 일반 인공지능과 특정 반복적인 작업을 자동화하여 특정 문제를 해결하는 좁은 의미의 인공지능으로 구분된다. 산업 인공지능은 산업에 적용되는 협의의 인공지능이다. 산업에서 인공지능은 업무 설계, 책임, 역학 관계의 변화로 이어지고 있다. 인공지능 기술은 인사이트를 제공하고 특정 작업을 부분적으로 또는 완전히 자동화할 수 있지만, 경우에 따라서는 사람의 개입이나 의사결정이 여전히 중요하다. 의사결정에 인사이트가 필요한 경우, 모델을 신뢰하고 그 결과에 따라 책임감 있는 결정을 내릴 수 있도록 모델의 근거와 내부 작동을 이해하는 것이 무엇보다 중요하다. 인간과 기계의 협력을 통한 시너지를 얻기 위해서는 인공지능이 갖추어야 할 몇 가지 기능 개발이 필요하다.

(1) 능동적 학습 (2) 설명 가능한 인공지능 (3) 시뮬레이션 현

실 (4) 대화형 인터페이스 (5) 보안 등을 고려해야 한다. 이에 대해 Rozanec et al.(2022)은 다음과 같이 설명하고 있다.

(1) 능동적 학습

인간과 기계의 협력을 실현하기 위해서는 인공지능 모델을 개선할 수 있는 능동적 학습이 필요하다. 능동적 학습은 세 가지 가정을 기반으로 한다: ① 학습자(인공지능 모델)가 질문(예: 목표 변수의 데이터 요청)을 통해 학습할 수 있고, ② 질문할 수 있는 데이터가 풍부하며(예: 수집되거나 합성된 데이터), ③ 질문에 대한 답변 능력에 제약이 있으므로 질문을 신중하게 선택해야 한다.

(2) 설명 가능한 인공지능

인간의 의사결정이 인공지능 모델의 결과에 의존하는 경우, 그러한 예측 근거에 관한 충분한 정보가 제공되어야 한다. 이러한 정보를 통해 사용자는 제공된 예측의 신뢰성과 건전성을 평가할 수 있으므로 책임감 있는 의사결정을 내릴 수 있다. 설명의 방법은 ① 로컬(특정 예측) 또는 글로벌(전체 모델) 수준에서 제공되는지, ② 모델이 사용자에게 투명하거나 불투명한지, ③ 설명 가능한 기술이 모델별로 다른지 또는 모델과 무관한지, ④ 설명이 시각화, 대리 모델을 통해 전달되거나 특징 관련성을 고려하는지 등으로 구분할 수 있다.

한편 제조 분야에서 인간과 환경 간의 복잡한 상호작용을 고려한 연구가 거의 없기 때문에, 인체 측정, 생리적 및 심리적 상태, 동기를 고려하여 더 나은 설명을 제공할 뿐만 아니라 근로자의 자존감을 높이고 자아실현에 도움을 주는 설명 가능한 인공지능 접근법을 개발하는 데 많은 노력을 기울일 필요가 있다.

(3) 시뮬레이션 현실

시뮬레이션 현실은 강화학습*의 핵심 구성 요소로 간주할 수 있다. 강화학습 에이전트는 시뮬레이터를 통해 실제 세계의 근사치를 탐색하고 비용이 많이 드는 현실 세계와의 상호작용 없이 안전하고 효율적인 정책을 학습할 수 있다. 또한, 시뮬레이션은 행동의 결과를 상상함으로써 실제 환경에서 원하는 결과를 검증하는 데 도움이 될 수 있다. 시뮬레이션 현실은 다양한 제조 현장에서 적용되고 있다. 생산 공정을 시뮬레이션하고 제조 공정 중에 발생할 수 있는 장애에 관계없이 조립 라인의 처리량을 최대화하는 알고리즘, 다양한 상황(피로, 교대, 요일)에서 인간 작업자의 성과를 시뮬레이션하여 로봇 작업자를 위한 행동 정책을 학습하고 작업자의 성과 변화에 적절한 대응을 제공할 수 있도록 하는 사례 등이 있다. 그러나 시뮬레이션 지식과 실제 지식 간의 격차를 해소하는 것은 여전히 어려운 과제이다.

(4) 대화형 인터페이스

대화형 인터페이스는 크게 ① 기본 봇, ② 텍스트 기반 어시스턴

• 강화학습(Reinforcement learning)은 어떤 환경이나 상태에서 어떤 행동을 하면 즉각적으로 보상을 받을 수 있는 피드백 시스템을 만들어 시행착오를 통해 통해 최대로 보상받는 방법을 찾도록 하는 학습 방법이다.

트, ③ 음성 기반 어시스턴트의 세 가지 범주로 분류할 수 있다. 기본 봇은 디자인이 단순하고 기본적인 지시만 수행하지만, 텍스트 기반 어시스턴트(챗봇이라고도 함)는 사용자의 텍스트를 해석하고 보다 능동적으로 지시를 수행할 수 있다. 두 경우 모두 음성 텍스트 변환 및 텍스트 음성 변환 기술이 필요하다. 대화형 인터페이스는 다양한 방식으로 제조 현장에서 사용되고 있다. 여러 정보 시스템을 연결하여 운영 유지보수 관련 업무를 지원하는 지능형 디지털 어시스턴트는 핸즈프리 음성 조작으로 빠른 업무 처리를 도와주고 있다. 음성 어시스턴트와 모듈형 사이버 물리 생산 시스템을 통합하여 작업자가 보이지 않는 장비를 찾거나 특정 센서 판독 값을 얻기 위해 도움을 요청할 수 있다.

또 하나의 사례는 작업 현장에서 사용되는 모바일 플랫폼과 로봇 팔을 결합한 산업용 모바일 매니퓰레이터[*]를 제어하여 위험하고 까다로운 제조 작업에서 작업자를 지원하는 가상 어시스턴트이다. 이 어시스턴트는 언어 서비스를 사용하여 키워드를 추출하고, 의도를 인식하고 있다. 또한 대화 전략과 응답 템플릿을 사용하여 동일한 질문이 반복될 경우 어시스턴트가 다양한 방식으로 응답할 수 있도록 하고 있다. 앞으로 GPT[**]와 같은 대형언어모델에 기반한 생성 인공지능은 대화형 인터페이스 수준을 한 단계 높여줄 것이다.

• 국매니퓰레이터(manipulator)는 인간의 팔과 유사한 동작을 제공하는 기계적인 장치이다.
•• GPT는 Generative Pre-trained Transformer(사전 훈련된 생성 변환기)의 약자로 사용자의 요청에 따라 문장이나 이미지 등을 생성하는 인공지능이다.

(5) 보안

인더스트리 5.0은 다양한 기술을 통합하여 보다 효율적인 제조 및 제품 수명 주기를 구현하는 것을 목표로 하지만, 동시에 공격 대상이 증가하면서 기밀성, 무결성 및 가용성에 대한 새로운 위협이 등장하고 있다. 이러한 문제는 수많은 레거시* 장비의 존재, 산업 장비 및 인프라에 대한 패치** 및 지속적인 업데이트의 부족, 사이버–물리 시스템에 대한 사이버 공격이 물리적 차원으로 이어져 인간의 안전에 영향을 미칠 수 있다. 인공지능은 위협 인텔리전스*** 감지, 침입 탐지 및 맬웨어**** 분류에 대한 효율성

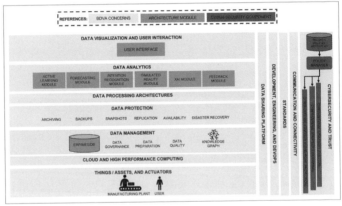

출처: Rozanec et al., 2022

그림 2 **인더스트리 5.0을 위한 인공지능 아키텍처 구성 요소.**

- 레거시(legacy)는 '남겨진 유산'이라는 의미로 낡은 기술이나 방법론을 기반으로 현재까지 사용되고 있는 하드웨어나 소프트웨어를 의미한다.
- •• 패치(patch)는 소프트웨어나 하드웨어 제품에서 발견된 오류를 수정하거나 기능 개선을 위한 컴퓨터 프로그램을 의미한다.
- ••• 인텔리전스(Intelligence)은 정보체 또는 지능체라는 뜻으로, 주로 데이터를 수집, 저장, 분석하여 성과를 최적화하는 프로세스와 방법을 의미한다. 여기서는 스파이웨어와 같은 해킹을 의미한다.
- •••• 멀웨어(malware)는 '악성(malicious)'과 '소프트웨어(software)'라는 두 단어를 결합한 단어로 해킹을 위한 악성 소프트웨어를 의미한다.

을 입증한 반면, 모델 자체가 손상되지 않았는지 확인하는 방법은 주요 연구 주제로 남아 있다.

5

EU의 인공지능 법과 윤리

인더스트리 5.0에서 인공지능이 핵심 기술로 인식되면서, EU는 인공지능이 가져올 기회와 동시에 위기에 대해서도 발 빠르게 대응하고 있다. 유럽의회는 2023년 6월 세계 최초로 인공지능법안(Artificial Intelligence Act; AIA)을 채택했다. 이 법안은 유럽에서 개발되고 사용되는 인공지능이 인간 중심적이고 신뢰할 수 있는 인공지능의 활용을 촉진하고 유해한 영향으로부터 건강, 안전, 기본권 및 민주주의를 보호하는 것을 목표로 하고 있다.

유럽의회와 유럽집행위원회(EC) 및 EU 각료이사회는 이후 이 법안을 토대로 3자 협의를 통해 최종안을 도출하는 절차에 들어간다. 이 과정에서 법안의 일부 내용이 바뀔 수 있지만 EU 측은 2023년 안에 최종안 합의를 도출할 예정이다. 최종안을 마련해도 실제 법이 발효되기까지는 시간이 더 필요하다. 27개 EU 회원국이 각기 의회 승인 절차를 거쳐야 하고 각국의 국내 법과도 통합해야 한다. 또 법 적용 대상인 기업들이 새 규제에 적응할 수 있는 유예 기간을 요청하면 조율 기간이 필요할 수도 있다. 최종적으로는 2026년에 발효될 것으로 전망된다. EU 측은 법 발효 전까지는 기술 대기업들이 자율적으로 규제를 하도록 임시 협정을 추진 중이다.

AIA는 주로 생체인식·감정인식·예측치안 인공지능 시스템에 대한 금지, 범용 인공지능 및 GPT와 같은 기반 모델을 위한 맞춤형, 인공지능 시스템에 대한 불만을 제기할 권리 등을 담고 있다. 인공지능을 위험도에 따라 분류하고 이에 따른 공급자와 사용자에 대한 3단계의 규제를 부과하고 있다(AI타임스, 2023. 6. 15; KERC, 2023. 5. 18).

첫 단계는 침해적이고 차별적인 사용으로 '매우 위험한 인공지능'이다. 이 단계는 인권침해 우려가 매우 커서 사용을 금지한다. 공공장소에서 전 국민의 행동을 실시간 감시하는 생체(안면)인식, 국민 행동을 점수화하는 소셜 스코어링 관련 인공지능 기술 등이 해당된다. 금지 규정을 어긴 경우 전 세계 매출액의 최대 6%나 3000만 유로(약 416억 원)까지 과징금을 물린다.

구체적인 금지 목록은 다음과 같다. 공개적으로 접근 가능한 공간에서의 '실시간(real-time)' 원격 생체인식 시스템; 사후(post) 원격 생체인식 시스템(심각한 범죄를 기소하기 위한 법 집행을 제외하고는 사법적 승인을 받은 후에만 사용 가능); 민감한 특성을 사용하는 생체인식 분류 시스템(성별, 인종, 민족, 종교, 정치적 성향 등); 예측 치안 시스템(프로파일링, 위치 또는 과거 범죄 행위 기반); 법 집행, 국경 관리, 직장 및 교육 기관의 감정 인식 시스템; 안면인식 데이터베이스 구축을 위해 소셜미디어나 CCTV 영상의 생체정보를 무차별 스크랩하는 것(인권 및 사생활 침해).

두 번째 단계는 '고위험 인공지능'이다. 안전과 인권에 큰 영향을 주는 시스템에 적용되는 인공지능이다. 범죄자 탐지 CCTV나 채용, 승진 등 인사관리 프로그램, 전력 등 잘못 작동되면 큰 위험이 발생할 수 있는 주요 인프라, 대출이나 보조금 결정 등에 적용되는 인공지능 기술이 해당된다. 사용은 허용되지만 적합성이나 편향성 평가 등 엄격한 기준을 따르도록 한다. 법안은 사람들의 건강, 안전, 기본권 또는 환경에 대한 피해를 포함하도록 고위험 인공지능의 분류를 확장하였으며, 정치 캠페인에서 유권자에게 영향을 미치는 인공지능 시스템과 대형 SNS 플랫폼에서 사용하는 추천 시스템을 고위험 목록에 추가하였다.

세 번째는 '제한된 위험의 인공지능'이다. 이용자에게 인공지능을 상대하고 있다는 사실을 알리는 등 투명성 확보가 권장된다. 파운데이션 모델 제공자들은 위험을 평가 및 완화하고, 설계·정보·환경 요구사항을 준수하고, EU 데이터베이스에 등록해야 할 의무가 있다. GPT와 같은 생성 파운데이션 모델은 콘텐츠가 인공지능에 의해 생성되었음을 공개하고, 불법 콘텐츠 생성을 방지하도록 모델을 설계하고, 교육에 사용되는 저작권이 있는 데이터의 요약을 게시하는 등 추가 투명성 요구사항을 준수해야 한다. 이를 어기면 1000만 유로(약 135억 원)나 연간 매출액의 2%를 물린다는 조항을 추가했다.

한편 규제적 성격의 내용 이외에 법안은 혁신 지원과 시민 권리도 담고 있다. 인공지능 혁신을 촉진하기 위해 연구 활동 및 오픈소스 라이선스에 따라 제공되는 인공지능 구성 요소를 위한 규칙 면제를 추가하였다. 시민 권리를 위해 인공지능 시스템에 불만을 제기하는 등 시민의 권리를 높이고, 인공지능 규칙집이 이행되는 방식을 모니터링하는 임무를 맡게 될 EU 인공지능 사무소의 역할을 개혁하는 방안을 담고 있다.

그러나 AIA 법안 중 일부는 EU의 기관 간 협상 과정에서 변경될 가능성이 있다. 미국은 인공지능에 대하여 완화된 규제 입장을 취하고 있는데, 안면인식 기술 금지나 생성 인공지능 훈련데이터 공개 관련 조항들에 입장 차이가 있다. 안면인식 기술은 국가안보나 범죄 예방 등에서 예외를 인정해야 한다는 주장이 있고 생성 인공지능 훈련데이터 공개는 기업들이 기술적으로 어렵다고 호소하고 있다(AI타임스, 2023. 6. 15).

한편 AIA는 유럽 시장에서 활동하는 모든 사업자들에게 적용되기 때문에 점차적으로 세계적인 표준으로 받아들여질 공산이 크다.

6

한국의 제조 혁신과 인공지능

한국은 정부와 민간 부문에서의 집중적인 지원과 투자로 글로벌 상위의 제조 경쟁력을 갖고 있으나, 최근에는 글로벌 밸류체인*의 변화 속에서 저성장이라는 위기에 직면해 있다. 저출산 고

• 밸류체인(Value Chain): 고객에게 최종재를 제공하기까지 원료, 부품, 기자재 등의 구매에서부터 조달, 제조, 운송, 유통 등 각 과정이 연결되어 가치를 만들어 내는 연결망

령화라는 인구구조 변화에 따른 지역 소멸 위기는 지역경제의 근간이 되었던 제조산업의 쇠퇴로 이어지고 있다. 이러한 위기 속에서 정부와 민간 부분은 생산성 향상, 비용 절감, 운용 효율성 개선을 위한 제조업의 스마트화를 추진하고 있다. 세계 최고 수준의 글로벌 ICT(Information Technology Communication; 정보통신) 강국으로서 4차 산업혁명의 핵심 기반 기술인 인공지능, 디지털트윈, 로봇 기술 등 첨단 ICT 기술을 기반으로 한 제조산업의 디지털화 및 고도화를 추진한다는 전략이다.

한국의 일부 제조 대기업들도 디지털화에 괄목할 만한 성과를 내고 있다. 세계경제포럼(WEF)과 McKinsey & Company는 서로 다른 산업부문에서 약 1,000개 이상의 기업을 평가해 4차 산업혁명에 주도적인 글로벌 등대공장*을 발표하고 있다. 이렇게 선정된 등대공장들은 빅데이터, 인공지능, 5G 통신, 사물인터넷(IoT),** 디지털트윈 등 4차 산업혁명 기술을 활용해 생산성 향상과 비즈니스 모델의 혁신을 이룩한 모범사례이다. 한국에서는 포스코가 2019년 7월 최초로 세계 등대공장에 이름을 올린 후 LS일렉트릭의 청주 스마트공장, LG전자 창원 스마트파크, LG전자 미국 테네시 공장 등이 선정되었다.

포스코는 숙련자의 경험과 직관에 방대하고 정교한 데이터가 결합된 인공지능 용광로를 개발하여 딥러닝을 통한 최적의 결

- 등대공장(Lighthouse Factory)은 밤하늘에 등대가 불을 비춰 길을 안내하는 것처럼 첨단 디지털기술을 적극 도입해 세계 제조업의 미래를 이끄는 공장을 말한다.
- 사물 인터넷(Internet of Things, IoT)은 각종 사물에 센서와 통신 기능을 내장하여 인터넷에 연결하는 기술을 의미한다.

괏값을 도출해 내고 이를 자동화하여 휴먼 에러는 줄이고 생산성은 높이는 성과를 이루었다.

LS일렉트릭의 경우 다품종 대량생산이 가능한 IIoT(산업 IoT) 기반의 자동 설비 모델 변경 시스템을 비롯하여 자율주행 물류로봇, AI 기반의 실시간 자동 용접 시스템, 머신러닝(ML)* 기반의 소음진동검사 시스템 등을 갖추고 있다.

LG전자 창원 스마트파크는 인공지능, 빅데이터와 시뮬레이션 기술인 디지털트윈을 결합해, 30초마다 공장 안의 데이터를 수집·분석해 10분 뒤 생산라인을 예측하고 자재를 적시에 공급하는 지능형 공정 시스템을 구축하였다. 데이터 딥러닝으로 제품의 불량 가능성이나 생산라인의 설비 고장 등을 사전에 감지해 알려주고, 인공지능이 탑재된 로봇을 투입해 생산 효율성을 높임과 동시에 작업환경 또한 더욱 안전하게 했다. 특히 로봇이 위험하고 까다로운 작업을 도맡으면서 작업자는 생산라인이나 로봇작동 상황 등을 모니터링하고 컨트롤(제어)하는 데 집중할 수 있게 되어 업무 효율성 및 생산성은 더욱 향상되었다.

LG전자 테네시 공장은 인공지능과 빅데이터, IoT와 같은 첨단 디지털 기술을 도입하고 로봇을 활용해 생산공정을 자동화하는 등 첨단 제조기술을 접목한 세계적 수준의 지능형 자율공장으로 구축하였다.

이와 같은 대기업의 스마트 공장 성과에 힘입어 우리 정부(중소

• 머신러닝(또는 기계학습, machine learning)은 알고리즘을 이용하여 데이터를 분석하고, 분석 결과를 스스로 학습한 후, 이를 기반으로 어떤 판단이나 예측을 하는 것을 의미한다.

벤처기업부)는 인공지능과 데이터(DATA)를 기반으로 하는 첨단 스마트공장 구축을 지원하고 있다. K-스마트 등대공장은 세계 제조업의 미래를 혁신적으로 이끄는 공장으로서, 대기업을 위주로 선정하는 WEF의 등대공장을 벤치마킹한 중소·중견기업 중심의 선도형 스마트공장 사업이다. 인공지능에 의해 제조 현장의 공정이 분석되고 실시 간으로 제어까지 가능한 지능화·고도화된 스마트공장 구축을 목표로 하고 있다.

일부 대기업을 중심으로 혁신이 일어나고, 생산방법 혁신과 제품 혁신에 성과를 내고 있다. 중기업의 경우 제품혁신은 일부 감소, 생산방법 혁신은 대폭 증가하는 상반된 혁신 추세가 나타나고 있다. 그러나 전반적인 국내 기업들의 제품혁신과 공정혁신은 20% 미만으로 정체되거나 지속적으로 축소되고 있는 추세이다. 특히 디지털 기술 활용 현황을 보면 OECD 국가들 대비 국내 제조기업들의 활용률이 대부분 매우 낮은 편이다. 지능정보기술 활용률은 지속적으로 증가하고 있으나, 빅데이터와 인공지능의 활용은 크게 낮다.(박한구 외, 2023)

국내 기업의 스마트 제조가 취약한 데는, 인공지능과 디지털 트윈 등 관련 기술의 국내 경쟁력 취약도 원인이 있다. 국내 공장자동화에 활용되는 PLC,* 산업용 네트워크, 관련 SW 등은 외국산이 대부분이다. 대기업의 경우 핵심 기술은 외국산에 의존하고 있으며, 국내 중소·중견 기업의 기술 대부분은 제조시설

● PLC(programmable logic controller, 프로그램 가능 논리 제어기)는 산업 장비의 유지관리 및 자동 제어 및 모니터링에 사용하는 제어 장치이다.

내 보조공정 분야에 그치고 있다. 또한 제조현장에서 유효 데이터 확보 및 산업 내 데이터 공유와 협업이 어렵고, 데이터 마켓(데이터산업진흥원 주관)이 존재하나 오퍼레이션 영역의 데이터가 아닌 IT 영역의 데이터로 스마트 제조에 활용할 수 있는 데이터 상품은 부족하다(박한구 외, 2023). 특히 인공지능 활용에 필요한 빅데이터 확보가 절실한 상황이다.

전반적으로 한국의 스마트 제조 혁신은 인더스트리 4.0 수준에도 못 미치는 상황이다. 노동형 제조 대체, 단순 제조 중심의 로봇 활용도가 높아서 지능화된 제조에 일부 부적합하다고 할 수 있다. 로봇의 전문 제조성과 생산성을 강화하기 위하여 인간과 로봇의 협업 지능형 제조 R&D에 대한 투자를 확대하고, 동시에 인공지능과 차세대 이동통신을 결합한 기술 개발을 통해 사전 예측성, 신속 대응성, 제조 효율성을 강화해야 한다. 특히 인공지능을 활용한 제조 경험과 지식 축적 및 교육이 가능한 인공지능 제조장인 시스템 개발이 필요하다. 인간과 로봇의 협업기술 개발을 통한 제조 전문성과 정밀성 강화, 일자리 대체에 대응하기 위한 준비가 중요하다(박한구 외, 2023).

'인공지능 기본법' 마련도 필요하다. 2023년 현재 국회에서는 '인공지능 산업 육성 및 신뢰 기반 조성에 관한 법률'(인공지능 기본법)이 논의되고 있다. 법안은 국내 인공지능 산업의 고도화를 뒷받침하기 위해 국가적 전략을 설계하는 내용을 골자로 하고 있다. 인공지능 기본법은 인공지능과 관련해 모든 법에 앞서는 효력을 갖는 기본법이자 특별법의 성격을 띠고 있다. 정부가 3년

마다 인공지능 기본계획을 수립하고 이를 관장하는 컨트롤타워로 국무총리 산하에 인공지능위원회를 두도록 했다. 또 인공지능 기술 발전을 위해 '우선 허용, 사후 규제' 대원칙을 세우고, 자율주행 등 시민의 안전을 위협할 수 있는 고위험 활용 영역을 설정해 신뢰성 확보 조치를 마련하도록 하고 있다(법률신문, 2023. 06. 27).

7
인간과 기계의 협업 중심의 인공지능 개발 필요

기술 중심의 인더스트리 4.0에서 인간중심의 인더스트리 5.0으로 전환하는 데 있어서 인공지능은 핵심적인 기술이며 지속해서 개발해야 할 기술이다. 인더스트리 5.0을 추진하는 유럽위원회(EC)도 인공지능을 사람중심, 지속가능성, 회복탄력성을 위한 인더스트리 5.0의 여러 측면에서 활용될 수 있는 핵심 기술로 인식하고 있다. 인간과 기계의 협력을 통하여 대량 개인화 생산으로의 전환을 추구하는 인더스트리 5.0은 인공지능과 협력하는 인간의 혁신적 역할, 창의성 증대에 주목하고 있다. 인간과 기계의 협력을 통한 시너지를 얻기 위해서는 인공지능이 갖추어야 할 몇 가지 기능 개발이 필요하다. ① 능동적 학습, ② 설명 가능한 인공지능, ③ 시뮬레이션 현실, ④ 대화형 인터페이스, ⑤ 보안 등을 강화할 필요가 있다.

유럽의회는 인공지능 기본법을 제정하여 인간 중심적이고 신뢰할 수 있는 인공지능의 활용을 촉진하고 유해한 영향으로부터 건강, 안전, 기본권 및 민주주의를 보호하는 목표를 제시하고 있다. 이를 위해 인공지능을 위험도에 따라 분류하고 이에 따른 공급자와 사용자에 대한 3단계의 규제를 부과하고 있다. 한국도 인공지능 발전을 위해 '우선 허용, 사후 규제' 원칙 하에서 인공지능 발전을 촉진하면서도, 시민의 안전을 위협할 수 있는 고위험 활용 영역을 설정해 신뢰성 확보 조치를 마련해야 한다.

한국의 스마트 제조에서의 인공지능 활용을 검토해보면, 인더스트리 5.0을 위한 인공지능의 활용이라는 측면에서 한국의 스마트 제조는 아직까지 인더스트리 4.0 수준에 머무르고 있다고 판단된다. 일부 대기업들은 글로벌 수준에 도달하였으나 전반적인 중소제조기업들의 디지털 전환 수준은 낮은 편이다. 한국도 고도화되는 대량 개인화 생산 시스템으로의 전환을 위해서는 생산 시스템에서 인간의 혁신적이고 창의적인 역할을 중시하는 인더스트리 5.0을 위한 인공지능 개발에 집중할 필요가 있다.

참고 문헌

Adel (2022), A. Future of industry 5.0 in society: human-centric solutions, challenges and prospectiveresearch areas,J Cloud Comp11, 40 (2022).

EC (2022), Industry 5.0: A Transformative Vision for Europe, ESIR Policy Brief No. 3, 2022.

Julian Muller (2020), Enabling Technologies for Industry 5.0, EC, 2020.

Pizo J, Gola A (2023), Human-Machine Relationship: Perspective and Future Roadmap for Industry 5.0 Solutions,Machines, 2023.

Rozanec et al. (2022),Human-centric artificial intelligence architecture for industry 5.0 applications,International Journal of Production Research, 2022.

박한구 외 (2023), 『대한민국 제조의 미래: 혁신과 전략』, 율곡출판사, 2023.

이명호, 『노동 4.0』, 스리체어스, 2018.

이명호, 『디지털 쇼크 한국의 미래』, 웨일북, 2021.

KERC (2023. 5. 18), 세계 최초의 인공지능법, 유럽의회 통과에 한걸음 전진. Korea-EU Research Center.

AI타임스 (2023. 6. 15), 인공지능 규제 법안 유럽의회 통과

법률신문 (2023.06.27), EU 의회, 'AI법' 최종 협상 돌입… '한국형 AI법'은 국회 심사 중

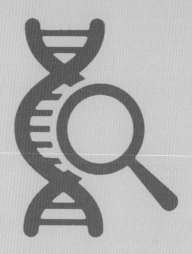

6

Bio-Inspired Technology(생물영감기술)
청색기술과 지속 가능 발전 기술

이인식

ESG청색기술포럼 대표. 지식융합연구소 소장. 국가과학기술자문회의 위원(노무현 정부), 문화창조아카데미 총감독(박근혜 정부) 역임. 과학칼럼니스트. 신문에 560편, 잡지에 170 편 이상 기명칼럼 연재하고, 중고등 교과서와 지도서에 160여 편의 글이 수록되었다. 저서 53권을 펴내고, 제1회 한국공학한림원 해동상, 제47회 한국출판문화상, 2006년 〈과학 동아〉 창간 20주년 최다 기고자 감사패, 2008년 서울대 자랑스런 전자동문상을 받았다.

어떤 분야에서 생명자본주의를 실현하든,
자연과 생물로부터 영감을 얻을 필요가 있다

― 이어령

1

청색경제와 청색기술

커피 원두는 농장을 떠나는 순간부터 주전자에서 추출될 때까지 전체의 99.8%가 버려지고 겨우 0.2%만이 이용된다. 커피 쓰레기(커피박)가 농장과 매립지에서 썩어가는 동안 수백만 톤의 온실가스가 대기로 배출된다.

커피박의 주성분은 버섯이 먹고 자라는 셀룰로오스(섬유소)이다. 1990년 홍콩 중문대의 슈팅 창(Shuting Chang) 교수는 버섯 재배에 커피박이 활용될 수 있음을 입증했다. 이를 계기로 콜롬비아·짐바브웨·사르비아 등 세계 곳곳에서 커피박을 버섯 생산으로 순환하여 식품 생산과 일자리 창출에 성과를 내고 있다. 2010년 6월 벨기에 출신의 환경 분야 기업가인 군터 파울리(Gunter

Pauli)가 펴낸 『청색경제The Blue Economy』는 "전 세계 45개국 2,500만 개 커피 농장에서 버섯재배를 하면 5,000만 개의 일자리가 생긴다"고 했다.

자연에서는 한 개체의 쓰레기가 다른 개체의 양분과 에너지가 되는 사례가 허다하다. 생태계의 이런 순환 방식에서 영감을 얻은 순환경제(circular economy)가 선형경제(linear economy)의 대안으로 국제적인 관심사가 되고 있다.

오늘날 경제는 '수취-제조-처분(take-make-dispose)'하는 방식, 곧 유용한 자원을 채취해서 제품을 만들고 그 쓰임이 다하면 버리는 3단계 구조로 가동하는 선형경제이다. 선형경제에서는 자원이 순환되지 않고 모두 쓰레기로 버려질 수밖에 없다.

유럽연합은 인더스트리 5.0의 핵심 원칙으로 지속 가능한 순환경제를 제시한다. 지속가능성은 인간중심, 회복탄력성과 함께 인더스트리 5.0의 3대 핵심 개념이다.

유럽연합은 환경을 보전하면서 동시에 경제 발전이 가능한 지속 가능 발전을 인더스트리 5.0의 핵심 목표로 설정하고 이를 실현하는 기술로는 생물에서 영감을 얻어 문제를 해결하는 생물영감(bioinspiration)을 제시한다.

생물영감은 1997년 미국의 생물학 저술가인 재닌 베니어스(Janine Benyus)가 집필한 『생물모방Biomimicry』의 출간을 계기로 생물모방과 함께 21세기의 새로운 연구주제로 각광을 받게 된다. 지속가능 발전의 추진 전략을 제시한 문제작으로 평가되는 이 책의 부제처럼, 베니어스는 생물모방을 '자연에서 영감을 얻는 혁신'이라고 정의한다.

한편 생물영감과 생물모방의 산업화 추진을 위해 전력투구하는 파울리는 2010년 펴낸『청색경제』에서 생물영감과 생물모방 기술 100가지, 이른바 '자연의 100대 혁신기술'의 경제적 측면을 분석한다.

파울리는 "하늘도 청색이고, 바다도 청색이고, 우주에서 내려다본 행성지구도 청색이어서" 청색경제라는 명칭을 만들었다고 밝혔다. 이 책의 부제는 '10년 안에 100가지 혁신기술로 1억 개 일자리가 만들어진다'이다.

2015년 10월에 파울리가 펴낸『청색경제 버전 2.0』은 부제가 '40억 달러를 투자하여 200개 프로젝트를 실행해서 300만 개 일자리를 만들었다'이다. 요컨대 자연세계의 창조성과 적응력을 활용하는 청색경제가 고용 창출 측면에서 매우 인상적인 규모의 잠재력을 갖고 있음이 확인된 셈이다.

파울리가 청색경제의 핵심 기술로 제시한 생물영감과 생물모방을 아우르는 단어가 해외에서도 나타나지 않아 2012년 5월에 펴낸『자연은 위대한 스승이다』에서 청색기술(blue technology)이라는 새로운 이름으로 부를 것을 제안했다.

청색기술은 '생물의 구조와 기능을 연구하여 경제적 효율성이 뛰어나면서도 자연친화적인 물질을 창조하려는 과학기술'을 의미한다.

21세기 들어 청색기술이 각광을 받게 된 까닭은 크게 두 가지로 볼 수 있다.

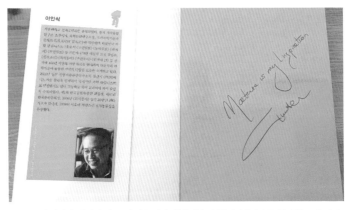

그림 1 청색경제 창시자인 군터 파울리가 청색기술이 창안된 『자연은 위대한 스승이다』에 'Nature is my inspiration'이라고 적고 서명했다(2019. 12. 02.).

하나는 나노기술의 발달이다. 생물의 구조와 기능을 나노미터 (10억 분의 1미터) 수준에서 파악할 수 있게 됨에 따라 생물을 본뜬 물질을 만들어낼 수 있게 되었기 때문이다. 이를테면 연잎 표면의 돌기, 모르포나비 날개의 비늘, 전복 껍데기의 구조는 모두 나노 크기의 물질로 이루어져 있다.

다른 하나의 이유는 청색기술이 청색 행성인 지구의 기후 위기를 해결하는 참신한 기후 기술로 여겨지기 때문이다.

베니어스가 『생물모방』에서 명쾌하게 일갈한 대목에 그 이유가 함축되어 있다.

"생물들은 화석연료를 고갈시키지 않고 지구를 오염시키지도 않으며 미래를 저당 잡히지 않고도 지금 우리가 하고자 하는 일을 전부 해왔다. 이보다 더 좋은 모델이 어디에 있겠는가?"

청색기술은 무엇보다 녹색기술의 한계를 보완할 가능성이 커

보인다. 녹색기술은 온실가스가 발생한 뒤의 사후 처리적 대응 측면이 강한 반면에 청색기술은 기후변화 물질의 발생을 사전에 원천적으로 억제하려는 기술이기 때문이다.

청색기술이 발전하면 기존 과학기술의 틀에 갇힌 녹색성장의 한계를 뛰어넘는 청색성장으로 일자리 창출과 기후위기 해결이라는 두 마리 토끼를 함께 잡을 수 있다. 요컨대 민생기술이자 기후기술인 청색기술은 지속가능한 경제를 추구하는 인더스트리 5.0의 핵심기술이 아닐 수 없다.

자연을 스승으로 삼고 인류사회의 지속가능한 발전의 해법을 모색하는 생물영감, 생물모방, 청색기술, 청색경제, 순환경제, 인더스트리 5.0은 포스트 코로나 시대에 인류사회의 미래를 주도하는 혁신적인 패러다임이 될 것임에 틀림없다.

2
청색기술 사례

청색기술은 자연 전체가 연구 대상이 되므로 생물학·생태학·생명공학·나노기술·재료공학·로봇공학·인공지능·뇌과학·집단지능·건축학·스마트도시·에너지 등 첨단과학기술의 핵심 분야가 대부분 관련되는 융합기술이다.

청색기술은 〈표〉에서처럼 자연을 본떠 만든 물질, 생물을 모방하는 로봇, 인체 부품을 보완하는 신경 보철과 인공장기, 인공

표 **청색기술**

생명, 집단지능, 자연에서 배우는 건축 등 거의 모든 산업 분야에서 가능성을 보여주는 연구 성과와 신기술·신제품이 발표되고 있다.

(1) 자기정화-방오 물질
자연에는 저절로 깨끗한 상태를 유지하는 자기정화 특성을 지닌 생물들이 더러 있다. 연잎, 벌레잡이통풀, 게코(도마뱀붙이) 발바닥이 대표적인 오염방지 표면이다.

연은 연못 바닥 진흙 속에 뿌리를 박고 자라지만 흐린 물 위로 아름다운 꽃을 피운다. 연의 잎사귀가 물에 젖지 않고 언제나 깨끗한 상태를 유지하는 현상을 연잎효과(lotus effect)라고 한다. 1999년에 연잎효과를 활용한 자기정화 페인트가 선을 보였다.

때가 끼는 것을 저절로 막아주는 연잎효과는 자동차나 태양전지의 투명유리, 청소를 자주 해야 하는 플라스틱 생활용품 표면, 물에 젖지도 않고 더러워지지도 않는 옷에 활용될 수 있다. 2005년 10월에 스위스 회사가 커피나 포도주가 묻어도 얼룩이 생기지 않는 옷감을 선보였고, 2016년 3월에 삼성물산 패션사업부도 연잎효과를 적용한 오염방지 의류를 내놓았다.

(2) 자기정화–항균성 물질

청색기술 연구진은 생물이 박테리아나 미생물 따위가 서식하지 못하게 하거나 박멸하는 자기정화 특성을 모방하여 항균성 물질을 개발하고 있다. 대표적인 것은 미국 벤처기업인 샤클렛(Sharklet)과 메탈마크(Metalmark)의 제품이다.

2007년에 샤클렛은 상어 피부를 모방한 항균 물질을 발표했다. 상어 피부의 비늘에 있는 미세돌기가 박테리아나 미생물이 달라붙으면 이들을 파괴하는 항균 특성을 본뜬 플라스틱 필름을 선보였다. 샤클렛 필름은 병원 의료기기의 표면뿐만 아니라 주방용품, 화장실, 침대, 각종 손잡이에 활용되어 박테리아 감염을 저지한다.

2020년에 메탈마크는 나비 날개에서 영감을 얻어 공기 중의 바이러스를 박멸하는 제품을 선보였다. 호텔이나 유람선의 객실에 이 공기정화 시스템을 설치하면 방 안의 바이러스를 파괴하기 때문에 코로나19 팬데믹 상황에서 관심이 폭발한 것으로 알려졌다.

그림 2 상어 피부는 청색기술의 핵심적인 연구 대상이다.

(3) 완보동물과 무냉동 보존

전 세계의 땅속과 늪에서 발견되는 완보동물은 몸 길이가 평균 0.5mm에 불과한 미생물이다. 다리가 8개이고 물속을 헤엄치는 곰처럼 생겼다고 해서 물곰이라 불린다. 물곰은 생명 활동이 중단되는 가사 상태에 빠지면 30년 동안 음식과 물 없이도 살 수 있으며 영하 273℃의 극저온과 151℃의 고온에도 버틴다. 물곰이 극한 환경에서도 생존하는 것은 세포 안에 있는 특수한 당 덕분이다. 세포 안에 높은 당 농도를 유지함으로써 30년간 물 한 모금 마시지 않고도 살 수 있는 것이다.

1998년에 영국의 브루스 로저(Bruce Roger)는 완보동물에서 영감을 얻어 냉동 보관을 하지 않고도 백신을 보존하는 포장 기술을 개발했다. 의약품을 냉동하지 않고 건조한 상태에서 보관할수 있으므로 이 포장 기술은 전기 시설이 없는 개발도상국에 사는 아이들에게 백신을 전달하여 생명을 구할 수 있다.

물곰은 우주공간과 남극에서도 생존력이 가장 강력한 생물로 입증되었다. 인류가 물곰처럼 가사 상태로 우주여행을 떠나게 되면 늦지 않을지도 모른다고 상상하는 사람들이 적지 않은 것으로 알려졌다.

(4) 아쿠아포린과 정수기술

미국의 분자생물학자인 피터 에이그리(Peter Agree)는 1992년에 세포막에 있는 물 통로를 처음으로 발견하고, 아쿠아포린(aquaporin)이라고 명명한다. 에이그리는 2003년에 이 공로를 인정받아 노벨화학상을 수상하게 된다.

에이그리의 아쿠아포린, 곧 세포막의 물 통로 발견은 정수기술에 엄청난 영향을 미치게 될 전망이다.

정수기술은 증류와 여과 두 가지 방법이 있다. 증류는 액체를 가열하여 생긴 증기를 냉각시켜 다시 액화하여 성분을 분리 및 정제한다. 여과는 거름종이나 여과기를 써서 액체 중의 침전물을 걸러서 밭여낸다.

두 가지 정수기술은 너무 느리고, 너무 비용이 많이 들고, 에너지가 너무 많이 소모되어 새로운 제3의 방법이 요구된다. 이러한 상황에서 세포막의 물 통로인 아쿠아포린에서 영감을 얻은 제3의 정수기술이 관심을 모은다.

2000년 덴마크의 기술자들이 아쿠아포린을 활용하는 물 여과 장치 개발에 착수했다. 2005년 덴마크에 정수 장치 기업인 아쿠아포린이 설립된다. 2015년 덴마크의 우주비행사들이 우주에서 마실 물을 여과하는 데 아쿠아포린 제품을 사용했다.

아쿠아포린은 21세기에 인류가 물을 사용하는 방법을 획기적으로 바꾸어 놓을 신기술로 여겨지고 있다.

(5) 좀조개와 수중터널 공법

2022년 12월에 현대건설은 우리나라 최초로 한강 강물 아래를 관통하는 터널을 배좀벌레조개(좀조개)에서 영감을 얻어 개발한 공법(TBM공법)으로 뚫기 시작했다. 2026년 12월에 완공되는 이 터널은 김포와 파주 사이의 2.98km 도로터널이다. 화약을 터뜨린 후에 땅을 파내는 보편적인 터널 시공 방식과는 달리 현대건설의 공법은 원통형의 거대한 강철 굴착기를 회전시켜 땅을 파쇄해나가며 터널을 만든다. 굴착과 동시에 터널을 짓는 공법이므로 터널 공사의 획기적인 패러다임 전환으로 여겨진다.

이 터널 공법은 1815년 프랑스 출신의 영국 기술자인 마크 브루넬(Marc Brunel)이 좀조개가 구멍을 뚫어놓은 나뭇조각을 보고 생각해냈다. 좀조개는 앞 부분만 조개껍데기로 덮여 있고 나머지는 흐느적거리는 긴 관처럼 생겼다. 이 조개는 앞 부분의 단단한 껍데기를 드릴처럼 회전시켜 나무에 구멍을 뚫는 동시에 갉아낸 나무 부스러기를 삼킨 뒤 몸 뒤쪽으로 밀어 내보낸다. 체액이 섞인 이 부산물이 배출되어 구멍 벽에 닿으면 시멘트를 바른

그림 3 **현대건설의 TBM공법은 배좀벌레조개에서 영감을 얻어 개발되었다.**

듯 굳어서 구멍을 지지하는 역할을 한다.

　브루넬은 좀조개에서 영감을 얻어 1843년 런던의 템스강 아래를 지나는 세계 최초의 수중터널을 건설했다.

(6) 산호에서 배우는 시멘트 제조 기술

시멘트를 만드는 데는 탄산칼슘이 필요하고, 탄산칼슘을 얻기 위해서는 채석장에서 캐내는 석회암이 필요하다. 석회암을 용광로에서 태우면 탄산칼슘과 이산화탄소가 나온다. 탄산칼슘(시멘트)과 이산화탄소는 1:1의 비율로 나온다. 가령 1톤의 시멘트를 만들면 1톤의 이산화탄소가 나오는 것이다. 요컨대 시멘트는 지구 온난화 요인의 하나이다.

바다의 꽃이라 불리는 산호는 골격이 석회석으로 되어 있다. 석회석의 주성분은 탄산칼슘이다. 산호는 골격(석회석)을 성장시키기 위해 바닷물 속에 녹아있는 칼슘과 이산화탄소를 활용한다. 산호가 탄산칼슘을 만드는 과정에서 영감을 얻어 이산화탄소를 배출하지 않고도 시멘트를 생산하는 기업이 나타나고 있다. 미국의 칼레라(Calera)와 블루플래닛(Blue Planet)이다.

2007년 창업한 벤처기업인 칼레라는 1톤의 시멘트를 생산할 때마다 공기 중에 이산화탄소를 방출하는 대신에 0.5톤의 이산화탄소를 흡수한다.

블루플래닛도 칼레라처럼 산호가 탄산칼슘(탄산염)을 만드는 과정에서 영감을 얻어 시멘트를 생산한다.

(7) 부산 해상도시

지구가 점점 더워지면서 바닷물이 불어남에 따라 해수면이 상승하고 있다. 해수면이 상승하면 폭풍해일과 홍수가 발생하여 해안 도시 대부분이 물에 잠기거나 물밑으로 사라질 전망이다. UN해비타트(인간정주계획)는 해수면 상승에 대비한 자료 수집을 위해 해상도시 건설을 추진한다. 이 해상도시는 에너지, 물, 식량을 자급자족하는 현대판 노아의 방주인 셈이다.

2021년에 UN해비타트는 세계 최초의 해상도시를 건설할 최적지로 부산 앞바다를 선정하고, 1만 명이 거주할 부유식 해상도시를 2027년에 착공, 2030년에 완공할 예정이다.

부산 해상도시는 5,500평 규모의 정6각형 모듈을 수백 개 연결하여 건설된다. 이 모듈은 바이오락(Biorock) 기술로 해저에 고정된다. 1979년에 발표된 바이오락은 철근 구조물을 바다에 가라앉힌 뒤에 전류를 흘려 바닷물에 녹아 있는 광물질을 증식하

그림 4 **부산 해상도시는 바이오락 기술로 건설된다**

는 공정기술이다. 2000년 5월 인도네시아 발리에 바이오락 기술로 산호초를 재생하고 보전하는 구조물, 곧 인공산호초가 건설되었다.

2022년 10월 부산에서 열린 세계해양포럼에서 부산 해상도시를 건설하는 오셔닉스(Oceanix) 대표는 '오셔닉스는 블루테크(청색기술) 기업'이며 "부산 해상도시는 청색기술로 건설된다"고 기조발표를 했다.

3
청색기술 산업화

청색기술은 일자리를 창출하는 민생기술이자 탄소중립을 실현하는 기후기술이다. 이를테면 경제 발전과 환경 보전을 동시에 겨냥하는 지속가능발전 개념에 딱 들어맞는 융합기술이다. 이처럼 인류사회 발전에 필수적인 청색기술의 개념과 중요성을 널리 알리기 위해 맨 처음 한 일은 2012년 5월 『자연은 위대한 스승이다』 출간 직후에 청색기술 공부 모임을 만든 것이다. 행정학·경제학·철학을 전공한 인문사회 출신들과 기계공학·전자공학·에너지 기술 분야 전문가들로 구성된 이른바 융합 연구의 성과는 2013년 5월에 출간된 『자연에서 배우는 청색기술』이라는 공저로 소개된다.

청색기술이 일반대중에게 널리 확산된 결정적인 계기는 월간

「이코노미조선」이 2014년 신년호의 커버스토리로 '녹색성장 뛰어넘는 새 패러다임-청색기술 · 청색경제'를 다룬 것이다. 20여 쪽이 넘는 커버스토리를 기획한 김윤현 편집팀장은 인터뷰 기사에서 '청색기술 전도사'라는 별명을 붙여주었다.

당시에 청색기술은 '선진국을 따라가는 추격자(fast-follower)에서 블루오션을 개척하는 선도자(first-mover)로 변신을 꾀하는 박근혜 정부의 창조경제 전략'에도 안성맞춤인 융합기술이었다. 그러나 미래창조과학부나 산업통상자원부 같은 중앙부처에서 청색기술에 대한 관심을 나타내지 않아 아쉬워하는 연구자들이 적지 않았다.

그런데 2015년 11월부터 지방자치단체에서 청색기술을 미래 전략산업으로 육성하려는 정책이 추진되기 시작한다. 청색기술을 풀뿌리 과학기술이라고 하는 것도 그 때문이다. 경상북도와 전라남도가 가장 적극적으로 청색기술 산업화에 앞장선 것이다.

경상북도(도지사 김관용)는 2015년 11월 경산과 포항의 과학기술 역량을 바탕으로 청색기술을 새로운 성장동력으로 육성하는 연구에 착수한다. 2016년 8월에 경상북도는 과학기술정책연구원(STEPI)과 예비타당성 기본계획 수립 연구용역 계약도 체결한다.

한편 전라남도(도지사 이낙연)는 2016년 4월 5일 서울에서 산학연 전문가를 중심으로 〈청색기술 산업화 추진단〉(공동 단장 우기종 전남 부지사, 이인식 지식융합연구소 소장)을 발족하고 9월 12일 광주과학기술원(총장 문승현)과 청색기술 산업화 기본계획을 수립하는 업무 협약을 체결한다.

2017년 5월 1일 경산시(시장 최영조)는 지식융합연구소(소장 이인식)와 청색기술 업무 협약을 체결하여 국내 제1호 청색기술 도시의 영예를 누리게 된다. 2018년 10월 2일 경산시, 경북, 전남은 환경부와 공동으로 정부 세종컨벤션센터에서 청색기술 첫 국제 행사인 〈2018 국제청색경제포럼〉을 개최한다. 이날 "청색기술 용어를 창안한 지식융합연구소 이인식 소장이 '청색기술 혁명과 일자리 창출'을 주제로 발표했습니다."라고 보도(문화일보)된다.

　　2019년 5월 30일 국회에서 남서울대(총장 윤승용)가 주최한 청색기술 토론회가 열린다. 이 결과를 토대로 10월 31일에 더불어민주당 의원들이 〈청색기술 개발 촉진법〉을 발의한다. 이 법안은 총선을 앞둔 20대 국회에서 의안으로 상정되지 못한 채 자동 폐기된다. 그러나 21대 국회에서 2020년 6월 22일 〈청색기술 개발 촉진법〉이 다시 발의(의안번호 2100822)된다. 7월 28일 과학기술정보방송통신위원회 전체회의 의사일정 제1항으로 상정되고, 11월 17일 공청회가 열려 진술인으로 참석하여 주어진 7분간 청색기술의 중요성을 설명했지만 법안이 아직 통과되지 못한 안타까운 실정이다.

　　2021년 3월 27일에 민간단체인 〈생활ESG행동〉(간사 남평오)으로부터 청색기술을 플랫폼으로 만들자는 제안을 받고, 4월 8일에 〈ESG 청색기술 포럼〉을 설립한다. 〈생활ESG행동〉이 발표한 10대 약속 중에서 특히 두 가지 약속이 청색기술과 직접적으로 관련된다. 하나는 1번 약속(화석연료 사용을 줄여 탄소중립사회를 지향한다)이고, 다른 하나는 3번 약속(생태도시를 만들어 기후위기를 해결하고 시민 안전을 확보한다)이다.

2023년 5월 17일 일본 도쿄에서 열린 〈2023 동아시아 국제심포지엄〉에서 우리나라 대표인 윤성준 한일경제협회 자문역은 "생태전환(BX 청색기술)을 한일 양국이 공동 추진할 것"을 제안한다.

6월 20일 강원대(총장 김헌영)가 교육부 '2023 글로컬대학 예비지정'에 선정되어 청색기술 연구의 선두주자로 자리매김한다. 글로컬대학으로 최종 선정되는 30개 대학은 5년간 1,000억 원을 지원받는다. 강원대의 혁신기획서에는 청색기술 교육이 두 방향으로 추진된다. 하나는 교육연구 거점인 춘천캠퍼스에 〈청색기술센터〉가 신설된다. 다른 하나는 2025년부터 운영되는 〈청색기술 창업미네르바스쿨〉이다. 춘천, 원주, 강릉, 삼척 4개 캠퍼스를 이동하며 재학생 10%에 청색기술 연계 실전 창업교육을 실시한다.

인더스트리 5.0이 지향하는 인류사회의 지속가능한 발전을 실현하는 청색기술은 단순히 과학기술의 하나가 아니라 탄소중립 시대의 핵심적인 패러다임임에 틀림없다. 이런 맥락에서 이어령(1934~2022)이 2014년 1월에 펴낸『생명이 자본이다』에 설파한 생명자본주의(vita capitalism)이론이 청색기술에 기반하고 있음에 주목할 필요가 있다.

"세계 경제는 산업자본주의와 금융자본주의로 성장해왔으나, 환경오염, 기후 변화, 생명경시, 윤리의식 부재 등 한계점들을 노정했다. 따라서 인류가 생명의 원리를 바탕으로 지속가능한 생태계를 복원함으로써 그것이 미래 자본화되는 생명자본주의를 건설해야 한다."

이어령은 이어서 바이오미미크리(biomimicry)에 대해 그 중요성을 강조한다.

"어떤 분야에서 생명자본주의를 실현하든, 자연과 생물로부터 영감을 얻을 필요가 있다. 바이오미미크리에 주목해야 하는 이유이다."

이어령은 "오랜 생명의 진화 과정에서 형성된 자연계의 생명기술, 바이오미미크리는 오늘날 전 인류가 겪고 있는 환경문제를 해결하고 경제를 일으키는 데 주요한 역할을 할 수 있다"고 말한다. 이어령에 의해 청색기술이 지속가능발전의 핵심적인 패러다임임이 다시 한번 확인된 셈이다.

또한 청색기술은 2022년 제20대 대통령 선거를 계기로 개인적으로 기후위기 시대에 미래 한국사회의 청사진으로 제시하고 있는 'ABC혁신국가'의 핵심 요소이다. ABC혁신국가는 인공지능(A) 중심의 디지털 전환, 청색기술(B) 중심의 생태적 전환, 문화기술(C) 중심의 인본적 전환을 통해 자연(B)-사람(C)-기계(A)가 조화를 이루는 선진 문명국가를 지향한다.

사족 한마디-우리나라에서 해마다 〈세계청색기술포럼〉이 개최되는 꿈을 꾼다. '생태환경분야의 다보스포럼'을 만들어 대한민국이 청색기술로 기후위기와 탄소중립 문제를 주도하게 되길 바라는 마음 간절하다.

참고 문헌

『자연은 위대한 스승이다』(이인식, 김영사, 2012)

『자연에서 배우는 청색기술』(이인식, 김영사, 2013)

『생명이 자본이다』(이어령, 마로니에북스, 2014)

『어린이를 위한 자연은 위대한 스승이다』(이인식 글, 나인완 그림, 김영사, 2022)

The Blue Economy(Gunter Pauli, Paradigm Publication, 2010)

The Blue Economy Version 2.0(Gunter Pauli, Academic Foundation, 2015)

The Blue Economy 3.0(Gunter Pauli, Xlibris, 2017)

The Intelligence of Nature(Gunter Pauli, Edizioni Ambiente, 2018)

Biomimicry and Business(Margo Farnsworth, Routledge, 2021)

7

Smart Material(스마트 물질)
지속 가능한 물질 및 에너지 순환

한승전

현재 한국재료연구원에 책임연구원으로 1997년부터 재직 중이며, 2018, 2022년 일본 도호쿠대 금속재료연구소 초빙교수를 지냈다. 2019년, 2021년 과학기술정통부 장관상을 수상했다. 저서는 물질과 재료에 관한 교양서 《모던알키미스트》가 있다. 1990년 부산대학교 무기재료공학과, 1997년 KAIST 재료공학과를 졸업했다. 2019년 과학기술진흥 공로로 과학기술정통부 장관표창, 2021년 출연연 우수연구성과로 과학기술정통부 장관상등을 수상했으며, 한국 동합금 연구회에서 수여하는 2014년 해봉상, 2016년 동천상을 수상했다. 2021년 과학기술정통부에서 주관하는 국가연구개발 100선에 선정, 2021년 대한 금속·재료학회에서 수여하는 동국송원학술상을 받았다.

1

산업혁명과 재료

스마트 소재를 언급하기 전에, 먼저 재료를 이해하는 것이 필요하다. 재료가 무엇인지 모르는 사람은 거의 없겠지만 과학적으로 따져 볼 필요가 있다. 재료는 크게 세 가지로 나뉜다.

금속, 세라믹 그리고 고분자이다. 우리가 흔히 말하는 원료하고는 다른 개념이고 주로 제품에 사용되는 이것들은 주로 고체이다. 고체이기 때문에 구조물을 튼튼하게 지을 수 있고, 자동차나 선박과 같이 문명사회를 구축하는 데 필요 불가결한 원료 물질이라 할 수 있다. 금속은 전기가 흐르고 강도가 높은 데다가 충격에 잘 견디기 때문에 기계적 외력에 견디는 프레임 또는 구조물에 사용되고, 전기를 잘 통해야만 하는 전선 또는 전기·전자부품 등에 사용될 수 있다. 세라믹은 원자 간 결합 특성상 전기가

통하지 않고 경도가 높지만 충격에 약해 깨지기 쉬운 단점이 있다. 그래서 구조물보다는 특유의 기능성에 초점을 두어 제품을 만든다. 투명하거나 전기가 적당히 흐르는 반도성 물질이어서 전자제품의 부품으로 사용한다. 고분자는 금속에 비해 강도가 낮은 편이지만 잘 변형되고, 특히 투명하거나 심지어 적당히 전기도 통해 여러 제품에 사용된다. 만약, 우리가 입는 옷을 세라믹이나 금속을 사용한다면 상상이 되지 않는 것과 같이, 다른 물질에 비해 높은 유연성과 가격 대비 생산성이 매우 큰 편이다.

우리가 보고 만지는 것, 특히 우리 사회에 재료가 쓰이지 않는 곳은 없다. 우리가 애용하는 자동차의 차체와 엔진은 금속, 유리는 세라믹 그리고 운전석 주변의 내장재는 모두 고분자 재료이다. 자동차뿐만 아니라 직장의 사무실, 출퇴근하는 거리 그리고 살고 있는 집까지 눈에 보이는 인공물은 이 세 가지 재료로 구성되어 있다. 즉 인류의 문명이 발전하는데 무조건적으로 필요한 것이 바로 재료이다.

우리가 최초의 산업혁명이라 일컫는 시기는 대량생산, 그리고 그것을 가능하게 한 생산 장비의 출현이라고 할 수 있다. 대량생산을 가능하게 한 장비에 중요한 축이 바로 철이라고 할 수 있다. 철의 대량생산이 없었다면 1차 산업혁명은 절대 가능하지 않았다는 것이 전문가들의 정설이다. 왜냐하면 강하고 높은 온도에도 강도가 적당하게 유지되는 만능재료인 철이 산업혁명 이전엔 매우 비쌌기 때문이다. 철의 효과적인 제련 방법이 개발되어 비로소 증기기관, 대형 철선 그리고 다리나 철도건설에 철이 사용되기 시작했다. 따라서 값싼 철, 즉 가성비가 우수한 재료인 철의 개발이 1차 산업혁명이 발생한 절대적인 이유라 할 수 있다.

2

4차 산업혁명과 재료

1차 산업혁명에 재료의 개발이 지배적으로 작용했다면, 그 후의 산업혁명은 산업 또는 지역 간의 정보연결 그리고 수준 높은 대중에게 대량 생산된 상품을 효과적으로 팔 수 있는 상징적인 방법론에 의해 일어났다 할 수 있다. 게다가 전 지구를 빠른 속도로 연결하는 인터넷은 우리의 정보체계를 완전히 뒤바꾸었다. 단순한 정보뿐만 아니라 멀리서도 기기를 제어하거나 통제할 수 있는 사물 인터넷 기술까지 너무 빠르게 발전했다. 이러한 정보통신망의 혁명이 이후의 산업혁명을 이끌었다 할 수 있다. 여러 산업혁신을 거쳐 지금 논의되는 4차 산업혁명은 간단히 완전 자동화라고 설명할 수 있다. 즉 사물 인터넷(International of Things, IoT)을 통해 생산기기와 생산품 간의 정보교환을 이용해 제조업의 완전 자동 생산체계를 구축하는 것이라 할 수 있다. 쉽게 풀어쓴다면 생산하는 데 인간의 관여가 극도로 절제된 스마트 공장, 스마트 생산체계가 산업의 최종 방향이라는 것이다.

이러한 스마트 생산 공정과 맥을 같이 하지만, 원료 또는 제품에 핵심을 둔 스마트 재료 역시 4차 산업혁명의 필수적 분야라고 할 수 있다. 앞서 언급했듯이, 스마트 공장이 인간의 신경을 덜 쓰게 하는 공정을 이용한다면, 스마트 재료는 역시 사람의 손이 덜 타는 재료라고 간단하게 말할 수 있다. 스마트 공장에 사용되는 장비에도 재료를 사용할 수밖에 없다. 생산 장비를 구성하는 소재가 예상치 못한 시간에 파괴된다면, 그것을 수리하기 위해 많은 인력과 노력이 투입되기 때문에 스마트 공장의 정의에 위배된다. 그렇다고 해서, 스마트 공장에 사용되는 소재만을 스마트 소재라고 정의하는 것은 큰 오산이다. 왜냐하면 재료는 특성상 부품으로도 사용될 수 있고, 재료 자체가 제품이 될 수 있기 때문이다. 따라서 재료를 정의할 때, 무조건 기계나 제품의 원료라는 인식은 앞으로 위험한 결과를 초래할 수 있다. 간단하게 말해, 스마트 재료는 스마트 공장을 건립할 때, 필요한 원료가 아닌 보다 광범위한 정의가 필요하다.

우선 4차 산업혁명에서 언급된 스마트 재료에 대해 간단하게 설명하면 여러 가지가 있는데, 그 대표적인 소재를 소개하면 다음과 같다.

- 자기 회복재료 또는 자기 치유재료라는 특별한 소재가 있다. 아예 파괴가 일어나지 않는 소재는 과학적으로 존재가 불가능하므로 사용 중 재료의 파괴를 정확하게 예측할 수 있거나, 파괴가 일어나는 것을 스스로 치료하는 재료를 의미한다. 예를 들어, 자동차 표면이나 범퍼에 스크래치가 생겼을 때, 그것

이 저절로 회복되는 도료가 제시되고 활발히 연구되고 있다.

- 압전 재료는 응력이 가해질 때 전압과 전류가 생성되는 재료이다. 또는 역으로 전압을 가하면 응력이 발생하여 형태가 변하는 소재를 의미한다. 만약 보도블록을 압전 재료를 이용해 만든다면 사람과 동물이 밟는 힘으로도 전기를 생산할 수도 있다.

- 형상 기억 합금과 형상 기억 고분자는 주어진 힘에 의해 큰 변형이 유발되지만, 온도 변화 또는 다른 힘을 주었을 때, 원래의 형태로 되돌아가는 재료이다. 피치 못할 상황에 의해 형태가 변화되었을 때, 조금 열을 가하면 원래 형태로 회복되니, 여러 가지 방면으로 활용될 수 있다.

- 광전소자 또는 광전 소재는 빛을 받을 경우 전류가 발생하는 소자 또는 소재를 의미한다. 빛이 전기로 변환되니 신호를 생성하거나 발전시킬 수 있다. 비슷한 개념의 열전소재는 열이 전기로 변환되는 소재이다. 폐열을 이용하여 전기를 발생시킬 수 있다.

- 전기 활성 고분자(electro-active polymers, EAPs)는 전압을 가하거나 전기를 흘렸을 때, 형태가 변화되는 소재이다. 인체의 근육은 전기신호로 수축과 인장이 일어나므로 팔이나 다리에 손상된 사람 또는 로봇에 필요한 인공 근육 소재로도 주목받고 있다. 온도 감응 고분자는 온도에 따라 형태나 색상이 변화하는 재료이다.

- 산성도(pH) 감응 고분자는 주변 매질의 산성도가 변화할 때

체적이 변화하는 재료로 산성도가 변화는 화학반응을 감지할 수 있다. 이와 유사한 할로크로믹 재료는 산성도 변화로 인해 색상이 변하는 재료이다. 응용한 예로써, 금속용 페인트에 사용될 경우, 도막하의 금속 부식을 미리 감지하여 부식에 의한 큰 피해를 미리 예측할 수 있다.

- 색전계 소재는 전기, 빛 또는 온도 변화에 반응하여 색상이 변화하는 소재를 의미한다. 전기색전 소재(예: 액정 디스플레이)가 있으며, 열색전 소재 그리고 광색전 소재로 나뉘며, 전기, 온도 그리고 빛에 각각 반응하여 색상이 변한다. 흔히 볼 수 있는 예를 들면, 밝은 햇빛에 노출될 때, 눈을 보호하기 위해 빛을 차단할 수 있도록 어두워지는 선글라스가 있다.

출처: Ongreening Blog, ongreening.com/smart-materials-explained

그림 1 **스마트 재료는 외부 환경의 변화, 가령 온도, 전기, 그리고 압력의 변화로 형태, 색상, 투명도, 기계적 강도와 같은 재료의 특성이 변하는 물질을 지칭한다. 각 재료는 이전부터 개발돼 왔지만 현재는 재료의 한 분야로 인식된다.**

- 화학적이거나 생물학적 화합물의 영향으로 크기나 부피가 변화하는 화학반응성 소재도 있다.

앞서 언급한 각각의 소재들은 생각 이외로 오래전부터 연구 및 개발되어왔다. 4차 산업혁명을 정의할 때, 스마트 공장과 대비하여 재료를 분류한 것이며, 스마트 재료의 종류가 제시된 것이다. 그런데, 재료는 앞서 언급한 바와 같이 종류가 너무 다양하고, 제조하는 공정에 따라 그 특성이 천차만별이다. 그래서 실제로 스마트 재료라고 구분된 물질은 전체 재료의 0.1%도 되지 않을 정도로 미미한 형편이다.

예를 들면, 2017년 개장한 123층 높이의 서울 롯데월드타워에 사용된 재료의 무게는 총 75만 톤이다. 이때 사용된 철골과 철근은 9만 5,000 톤으로 에펠탑 13개를 지을 수 있는 규모이다. 여기서 기능성 유리등 스마트 소재의 정의에 만족하는 물질은 총 중량 대비 아직은 미미하다. 물론 향후, 문명을 구성하는 재료에 스마트 재료가 차지하는 비중이 점점 늘어갈 것은 매우 자명하다. 재료는 목적과 용도에 따라 다양한 종류와 사용되는 량도 다르기 때문에 다양한 재료의 중요성을 무시한 채, 정부 또는 민간이 투자전략을 정할 때, 스마트 재료 한쪽 부분에 치우친 투자를 해서는 전체 재료의 고른 발전을 저해할 수 있다. 자원도 부족하고 내수(內需)보다는 수출에 의존하는 우리나라는 다양한 분야의 연구, 기술개발이 필요하다. 왜냐하면, 일본의 전략물자 수출규제가 또다시 일어나지 않는다는 법은 없다.

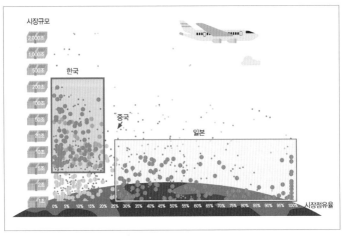

출처: 산업통산자원부

그림 2 **소재부품장비 경쟁력 강화 지난 1년의 기록** 산업통상자원부 자료에 따르면 일본의 대한국 전략물자 수출규제 시행 시, 소재 및 부품의 시장과 생산량은 한국의 경우, 대량생산과 소품목, 일본의 경우는 다양한 소재와 부품을 생산했다. 한국에 비해 일본은 다양한 소재가 개발되어 있는 상태여서 모든 산업에 소재를 제공할 준비가 되어 있다.

3
5차 산업혁명과 재료

4차 산업혁명에서 정의된 스마트 재료는 많은 특성과 목적이 열거됐지만, 개인적인 생각으로는 상당히 국한되어 있어서 전체 사회를 구성하는 재료를 커버하기는 힘들다고 판단된다. 비록 생산효율을 중요시하는 것은 기업이나 정부가 바라는 일이지만 선택과 집중이란 이유로 재료를 선별하여 육성하는 방법은 다양한 변화가 시시각각으로 일어나는 현대사회에 대응하는 적합한 방법은 아닌 것으로 보인다. 4차 산업혁명은 효율과 선택이 강요되어, 실업과 산업의 축소를 걱정하는 전문가들도 더러 있는 형편이다. 현재, 4차 산업혁명이란 국제적인 논의가 이해되고 완전히 실현되기도 전에 독일로부터 5차 산업혁명의 내용이 벌써 구체화 되고 있다. 간단하게 말하면, 5차 산업혁명은 4차 산업혁명 플러스 인간 중심 그리고 지속 가능한 사회의 구현이다. 인간 중심이란 의미는 너무 이해하기 쉬운 개념이라 부연할 필요가 없지만 지속 가능한 사회는 이해가 필요하다. 우선 산업혁명 전후로 확연하게 달라진 것은 제품 가격이 낮아져 누구나가 원하는 상품을 구매할 수 있게 되고, 많은 사람들이 높은 문화적 수준을 누릴 수 있게 되었다는 것이다. 물론 사람에 따라 경제적 격차가 너무 커져 다른 문제를 야기했지만 풍요로운 세상이 만들어졌다.

이 풍요로운 세상은 무엇보다 중요한 희생을 강요한다. 그것은 바로 물질과 에너지이다. 바꾸어 말하면 우리가 사용하는 자원과 에너지는 한정되어 있다. 우리가 잘 알고 있는 질량보존과 에너지 보존법칙은 한 치도 틀림이 없어서 언젠가 인류는 자원과 에너지 부족에 직면할 수밖에 없다. 현재의 풍요로운 세상은 무분별한 에너지와 물질의 낭비를 불러와 사회가 파멸을 맞이할 수도 있다는 의미이다. 즉 미래에 풍요로운 세상을 유지하면서도 에너지와 물질이 적절하게 순환되게 하여, 우리 후손들에게도 지금과 같은 풍요로운 세계를 지속 가능하게 물려주자는 개념이 5차 산업혁명의 중요한 점이다. 그런데, 이러한 청사진이 실체화되는 것은 과학적으로 매우 어려운 일이다.

높은 빌딩을 위시해 초대형 비행기, 그리고 자율자동차 그리고 대형선박에 이르기까지 현대 문명을 대표하는 것은 손꼽을 수 없을 만큼 매우 많다. 그중에서도, 대형선박인 초호화유람선의 예를 들자.

전장 300미터에 육박하고, 승무원과 여객을 포함하여 수천 명을 태우고 장시간 이동한다. 또한 운항 중 모든 사람이 수주에서 수개월 동안 생활하는 공간이기도 하다. 여기에 사용된 재료는 정말로 다양하다. 선체를 포함한 엔진에 사용된 금속, 외부를 장식한 도료와 벽지, 안락한 유람을 위한 각종 부대시설을 장식할 목재, 플라스틱 그리고 유리까지, 우리가 알고 있는 모든 재료가 망라되어 사용된다. 승용차, 항공기도 마찬가지지만, 대형선박 건조 역시 다양한 소재와 수많은 기술이 총동원된 종합예술이라고 할 수 있다. 4차 산업혁명의 정의에 입각하면 선박제조 공정은 극히 효율적인 건조과정을 거쳐, 자원의 낭비와 천문학적인 인건비를 줄일 수 있다. 5차 산업혁명의 관점으로는 어떨까 비교해보는 것이 좋을 듯하다.

우리가 사용하는 제품은 필연적으로 그 용도를 다하는 수명이 있다. 이렇게 수명이 다한 제품을 폐기할 수밖에 없다. 유람선, 유조선 그리고 대형화물선이 그 수명을 다했을 때, 이것을 건조하기 위해 사용된 막대한 자원, 특히 재료는 어떻게 해야 할까? 당연히 회수하여 재자원화해야 한다. 제품을 생산하고, 마무리하는 과정은 상당히 멋있고, 고생 끝에 완성품을 대할 땐 감동까지 느껴지기 마련이다. 그러나 수명을 다한 제품을 대할 땐 아무도 관심을 가지지 않는다. 폐화물선을 해체하는 경우, 당장 사용이 가능한 철과 다른 재료를 분리 및 수거한다. 그런데, 여러 가지 재료가 혼합된 부품들은 쓰레기로 매장된다.

여기서 주목해야 할 점은 이러한 폐품 회수 작업은 생산사가 속해있는 나라에서 직접 수행하는 것보다는 주로 인건비가 매우 적은 개발도상국 등에서 도맡는다. 그 이유는 신상품을 제조

그림 3 전체 길이가 294m인 초호화 크루주 유람선 아일랜드 프린세스호와 방글라데시의 폐화물선 해체공정. 초호화여객선 내부엔 몰, 카지노, 식당, 영화관 등을 구비하고 이를 위한 다양한 재료들이 사용됐다. 폐화물선에서 재활용할 재료를 수거하기 위해 방글라데시의 노동자들이 수작업으로 선박을 분해하고 분리하고 있다.

하여 얻는 부가가치보다, 폐품으로부터 얻어낸 재료로부터의 이익이 너무나 작기 때문이다. 작업 환경도 열악하고 종사자의 급여도 적어 사람들이 꺼리는 직업의 대명사가 되었다. 당연히 국민소득이 작은 나라에서 주로 수행하게 되고, 선진국은 쓰레기 수출이라는 오명을 받을 수밖에 없다. 이는 선박 해체뿐만 아니라, 폐자동차, 폐유리 그리고 폐플라스틱을 처리하는 모든 직업에서 똑같이 겪는 일이다. 우리나라의 고철상과 폐제품 재활용 업체도 자원 재사용에 매우 중요한 역할을 담당하고 있음에도 불구하고 국민의 관심을 끌지 못하는 것이 바로 이러한 이유이다.

최근 공정무역의 개념이 확산되고 있다. 가까운 일본의 예를 들어, 초콜릿의 가격이 2023년 들어 예년에 비해 20% 이상 상승했다고 한다. 그러나 가격이 오르면 판매량이 떨어져야 하는데, 생각보다 제과회사의 매출은 괜찮다고 한다. 그 이유가 초콜릿 원료를 생산하는 곳이 주로 극빈국이기 때문에 그것을 생산하는 종사자들에게 충분을 급여를 지불하기 위해 기업이 원료를 비싼 값에 매입하는 것을 일본 국민이 공감했다는 것이다. 고도의 문화를 누리는 선진국이 개발도상국을 지원하고 배려하는 것은 비록 약간의 손해를 감수하더라도 반드시 수행되어야 할 것이다.

5차 산업혁명의 인간중심 사상을 글로벌 확장 개념이기도 하다. 자원의 재활용도 이와 같은 맥락으로 해석할 수 있다. 나라 간 경제 수준 이외에도, 같은 나라 안에서도 소득수준에 따라 에너지 또는 재료의 사용이 매우 차이가 난다. 소득수준이 높은 사람들은 1인당 사용에너지 그리고 사용하는 재료량이 매우 클 수밖에 없다. 더 넓은 집과 더 많은 승용차를 보유한 가정이 가솔린, 전기 그리고 다양하고 비싼 재료가 포함된 전자제품을 사용하는 것은 자명한 일이다. 즉 소득이 높을수록 절약해야 할 에너지를 많이 사용하고 재자원해야 할 폐품을 많이 배출하고 있다. 고도로 문명화된 사회구성원일수록 에너지 절감과 자원 재활용에 많은 의무를 지고 있다는 것도 명심해야 할 점이다.

4

지속 가능한 물질 및 에너지 순환

5차 산업혁명은 지속 가능한 사회구현과 인간중심이라는 관점에서 이전까지의 산업혁명 정의를 확대하고 있다. 즉 미래와 현재의 자원 흐름을 일차원적인 종국엔 버리는 형태에서 물질과 에너지의 낭비가 없이 순환하는 체계를 만든다는 것이다. 그러므로 사용한 재료를 적은 에너지로 재활용하는 것이 핵심이라고 할 수 있다.

사실 자원의 재활용은 매우 어려운 일이다. 사용수명이 다한 제품은 다양한 소재와 부품으로 구성되어 있다. 시도한 사람들도 있을지 모르겠지만, 폐품이 된 텔레비전을 소재 단위로 분해하는 것은 거의 불가능하다. 사용 중에는 부품 또는 재료끼리 강하게 결합해 있다가 폐품단계에 이르러서는 다른 종류의 재료끼리 쉽게 분리가 된다면 필요한 소재를 회수하는 것이 굉장히 편할 것이다.

지속 가능한 사회와 인간중심을 실현하기 위한 스마트 재료의 새로운 정의 그리고 실행해야 할 것들은 무엇일까? 이것을 과학적으로 고민할 필요가 있다. 앞서 언급한 것과 같이 사용 후 제품을 분해하고 선별하는 작업은 매우 열악하고 동시에 정말로 어렵기까지 하다. 제품에서 추출한 재료가 동일 제품 또는 새로운 제품의 원료가 되어야 한다. 이 두 가지를 해결하는 것이 5차 산업혁명 스마트 재료의 핵심이라고 생각한다. 에너지 절감과 한정된 자원의 순환사용을 위해선 자원재활용(Recycling)이 매우 중요하다. 이는 Reduce(최소 사용), Reuse(재사용), Recycle(재활용) 등으로 나눌 수 있다. 최소 사용은 말 그대로, 최적의 특성을 나타내는 제품에 최소의 자원과 에너지를 쓰는 것, 재사용은 현재의 부품과 제품을 세척 등을 거쳐 계속 사용하는 것, 재활용은 화학적, 물리적 공정을 거쳐 다시 원료화하는 것으로 크게 구분된다. 이는 우리나라에서 이미 환경부, 과학기술정보통신부 그리고 산업통상자원부를 중심으로 전 국민적으로 지원되고 있는 국가적인 사업이라 할 수 있다.

미래 후손을 위한 자원과 에너지의 최적 순환은 국민 의식의 전환과 기술의 개발로 이루어질 수 있다. 국민 의식 전환은 국가와 생산기업이 합심하여 시도해야 하는데, 제품의 재활용에 있어서 제일 어려운 일은 동일한 부품과 동일한 재료로 분류하는 것이다. 폐제품 분리수거가 효과적으로 이루어져야 재활용에 드는 에너지를 줄일 수 있다. 이에 대한 적절한 기준과 요령이 일반인이 공감하고 실천할 수 있도록 만들어져야 한다. 지속 가능한 사회, 그리고 에너지 절감에 대한 국민적 인식이 잘 전달되고 실천할 수 있도록 교육, 그리고 생산자에게 적절한 규제와 이를 지켰을 경우, 적절한 이익이 돌아갈 수 있는 정책 마련이 필요하다.

5

스마트 물질의 미래

우리가 사용하는 금속을 비롯하여 다양한 세라믹과 플라스틱은 사용 후, 그 종류마다 성분을 분리하는 방법 역시 매우 다양하다. 또 성분 분리에 에너지가 막대하게 소모될 경우는 오히려 지속 가능 성장의 정의에 위배되기 때문에 오히려 지양(止揚)해야 한다.

독일 막스플랑크 연구소의 Dierk Raabe 팀은 구조 금속에 사용되는 다양한 합금의 금속 재활용에 대한 여러 가지 기술적 방법과 그 효과에 대해 2019년 Nature 지에 발표한 바 있다. 그들은 금속의 재활용에 대한 여러 가지 기술과 그 기술이 주는 임팩트(impact) 그리고 여러 가지 방법론을 제시하면서, 모든 소재의 재활용성을 향상시키는 기술과 소재마다 적절한 방법이 있다는 의견을 냈다. 비록 합금에 한정된 기술 내용만 다루었지만, 그들이 제시한 전략은 금속 이외의 모든 재료에도 큰 수정 없이 적용될 것으로 보인다.

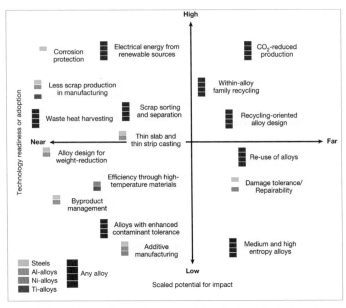

출처: Dierk Raabe, C. Cem Tasan & Elsa A. Olivetti, Strategies for improving the
sustainability of structural metals,Nature, 575 (2019) 64-74

그림 4 독일 막스플랑크연구소의 Dierk Raabe는 구조 금속의 지속 가능성에 대한 몇
가지 전략과 가능성을 설명했다. 해당 항목의 색상은 가능성이 가장 큰 금속에 해당한
다.(탄소강은 파랑, 알루미늄은 주황, 니켈 합금과 스테인리스강은 녹색, 티타늄은 빨강). 군청색은
모든 금속에 있어서 해당 전략에 대한 유사한 가능성이 있다.

  다수의 재료 과학자들은 지속 가능한 물질과 에너지 순환 체
계에 순응한 금속을 개발하기 위해 노력해왔다. 필자 역시, 전공
분야인 구리 및 알루미늄합금 개발에 있어서 설계 및 제조 단계
에서 재활용이 용이하도록 개발하는데 고민을 거듭했다. 예를
들어, 순 구리의 결정립구조 그리고 원자레벨의 미세구조를 바
꾸어 순 구리가 도저히 낼 수 없는 높은 강도를 가지도록 연구한
결과도 낸 바 있다. 비록 사업화는 성공하지 못했지만, 뒤에 언급

할 재활용이 용이한 금속 기술과 맥락을 같이 한다.

우리가 주위에 흔히 볼 수 있는 모든 금속은 순금속이 아닌 합금이다. 불순물이 적은 순수한 금속은 강도가 매우 작아 부품을 만들 수 없는 까닭에 강도 향상을 위해 여러 가지 성분을 혼합하여 주조하고 판재나 봉재 형태로 가공하여 제품을 만든다. 순수한 금속이 사용되는 예는 금, 은, 백금 그리고 팔라듐과 같은 귀금속인데, 이들은 매우 희귀해 순도가 높을수록 가격이 높아 자산으로 더 쓰임새가 있는 편이다. 철, 알루미늄 등 대표적인 기계적 특성이 요구되는 금속 제품은 순수한 형태를 거의 찾아볼 수 없다. 그런데, 구리는 조금 예외인데, 순 구리를 전선으로 사용하는 예가 많다. 그 이유는 매우 간단한데, 강도보다는 전기를 잘 전달시키는 것이 중요하기 때문이다. 불순물이 적을수록 저항이 작고 저항이 작으면 전기가 잘 전달되기 때문이다. 순 구리 전선은 사용 후 구리합금의 원료가 될 수 있어서 재활용이 잘 된다.

그렇다면, 합금은 왜 재활용이 잘 이뤄지지 않는지의 의문이 든다. 이는 열역학적인 이유로 설명될 수 있는데, 거의 원자 레벨로 고르게 흩어진 성분들을 다시 서로 모이게 하는 것은 너무 막대한 에너지가 소모된다는 것이다. 우리가 흔히 접하는 소금도 바닷물을 모아 며칠씩 증발시켜야만 소금만 걷어낼 수 있는 것과 같이 혼합된 물질의 분리는 막대한 에너지를 소모한다. 이해하기 쉬운 예를 들면 크기가 똑같은 검은콩 한 봉지와 노란 콩 한 봉지를 한데 섞는 것은 너무 쉬운데, 완전히 뒤 섞인 콩 두 봉지를 각자 분리하는 것은 너무나 많은 시간과 노력 즉 에너지가 소모되는 일이다. 이 정도면 합금을 분리해 순금속으로 분리 정제하는 것이 얼마나 힘든 것인지 가늠할 수 있다. 또 합금이란 것은 약과 같아서 성분이 들쭉날쭉하면 특성도 가지가지이기 때문에 정확한 양 그리고 정확한 공정 순서가 필요하다. 즉 아이러니하게도 좋은 합금을 만들기 위해선 순도가 높은 원료를 써야만 한다.

재활용을 감안한 합금의 개발은 여러 가지 분야로 나뉠 수 있는데, 첫 번째는 합금원소를 최대한 적게 쓰는 것이다. 두 번째는 열역학적으로 분리가 잘 되는 성분만을 최대한 이용해 특성을 나타내는 것, 세 번째는 잘 분리가 되지 않는 성분을 어쩔 수 없이 이용해서 최대한의 특성을 나타내는 것, 네 번째는 어찌 되었건 에너지 소모가 적게 성분을 분리할 수 있는 기술, 다섯 번째는 제품 전체를 하나의 합금으로 구성하는 것, 즉 한 합금으로 여러 가지 특성을 가지게 해 분리수거 없이 한꺼번에 재활용할 수 있는 합금을 개발하는 것이다. 마지막으로 부품을 제조할 때, 재료의 낭비를 최대한 없애 필요 없는 부피를 줄임에도 요구 특성을 만족하게 하는 기술이다. 이들 이외에도 과학자들은 에너지와 재료의 낭비를 최소화하기 위해 여러 창의적인 아이디어를 내고 있다.

4차 산업혁명과 5차 산업혁명에 큰 차이점은 지속 가능한 사회의 구현과 인간중심의 개념이 강화되었다는 것이다. 이는 재료의 사용과 개발에 있어서 더욱 중요한 가치관이라 할 수 있다. 재료만을 과학적으로 한정한다면 간단히 회수 및 향후 재자원화가 용이한 재료 및 공정 기술임에 틀림이 없다. 이를 완전하게 완성시키기 위해선, 높고 글로벌한 시민의식, 자원과 에너지에 대한 법적, 사회적 배려가 아울러 충족되어야만 한다. 현재의 문명을 보다 풍요롭게 후세에도 존속시키고, 부와 생활 수준의 격차를 줄이는 것만이 정말로 인류가 지구상에서 장기적으로 존속할 수 있는 방법이라 믿는다.

참고 문헌

소재부품장비 경쟁력 강화 지난 1년의 기록, 산업통산자원부

Dierk Raabe, C. Cem Tasan & Elsa A. Olivetti, Strategies for improving the sustainability of structural metals, Nature, 575 (2019) 64-74.

모던알키미스트, 한승전, S&M 미디어, 2021.

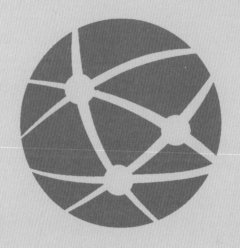

8

Digital Twin
기존 시스템을 스마트화하는 기술

양영진

㈜한국디지털트윈연구소 대표, 세상과 사람을 이롭게 하기 위해 KAIST, KAIST 김탁곤 교수와 함께 한국디지털트윈연구소를 공동 설립했다. 김탁곤 교수의 40여 년간 연구 성과와 박사 43명, 석사 75명을 배출하면서 체계화된 이론과 프로젝트 수행 경험 및 KAIST 로부터 이전받은 지식재산권을 바탕으로 디지털트윈플랫폼인 'WAiSER'를 제품화하여 복잡하고 어려운 사회문제와 산업문제들을 지혜롭게 해결해 나가고 있다. 20년간 아인스에스엔씨(SI기업)를 경영했으며, 디지털트윈협동조합 이사장과 한국데이터산업협회 부회장을 맡고 있다.

1

디지털트윈 기술의 등장

우리는 살아가면서 수많은 판단과 결정을 한다. 인간의 지적 판단 능력이 눈부신 문명 발전을 이루었지만 잘못된 판단과 결정은 수많은 흑역사를 썼다. 인간의 필요(Needs)에 의해 새로운 개념이 만들어지고, 이를 실현하기 위해 수많은 기술을 개발하고 제품과 서비스를 창출해 왔다. 이는 곧 산업혁명의 동력이 됐다. 초연결·초지능·초실감 기술은 4차 산업혁명(Industry4.0)을 견인하고 있으며, 선진국을 중심으로 정부와 기업은 미래의 주도권을 잡기 위해 디지털 혁신을 위한 디지털 전환에 지원과 투자를 아끼지 않고 있다.

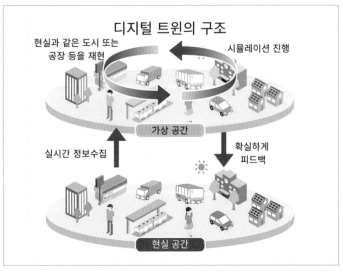

그림 1 **산업혁명의 전개 과정**

2022년 말 OPEN AI의 Chat GPT가 촉발시킨 초거대 AI의 열풍이 메타버스 열풍을 잠재우며 또 다른 변화를 이끌고 있다. 이는 무엇을 위한 기술인가? 과연 AI는 세상과 사람을 위하여 무엇을, 어떻게 기여할 수 있을까? Chat GPT에게 물어 봤다.

Chat GPT는 주어진 훈련 데이터를 기반으로 답변을 생성하며, 이 데이터에는 과거의 패턴과 관계성이 반영되어 있다. 하지만 모델은 실제로는 데이터를 기반으로 패턴을 학습하고 이를 사용하여 예측을 시도하는 것일 뿐이며, 미래에 대한 정확한 예측을 제공하지는 않는다.

따라서, 과거 데이터에만 의존하여 미래를 예측하는 것은 위험할 수 있다. 미래에는 새로운 변수, 사건, 환경 변화 등이 발생할 수 있으며, 이는 과거 데이터에서는 고려되지 않았을 수도 있다. 미래를 예측하려면 현재의 상황과 동향을 고려하고, 도메인 전문가의 지식과 통찰력을 활용하는 것이 중요하다.

따라서, 과거 데이터에만 의존하여 미래를 예측하는 것은 위험할 수 있다. 미래에는 새로운 변수, 사건, 환경 변화 등이 발생할 수 있으며, 이는 과거 데이터에서는 고려되지 않았을 수도 있다. 미래를 예측하려면 현재의 상황과 동향을 고려하고, 도메인 전문가의 지식과 통찰력을 활용하는 것이 중요하다.

ChatGPT와 같은 기계 학습 모델은 예측과 답변을 제공하는 데 도움을 줄 수 있지만, 이를 결정적인 근거로 사용하는 것은 위험하며, 항상 주의가 필요하다. 신중한 판단과 추가적인 정보, 전문가의 조언 등을 통해 합리적인 결정을 내리는 것이 좋다.

ChatGPT와 같은 AI의 한계는 명확하다. ChatGPT가 답변한 것처럼, 전문가의 조언을 받는다 하더라도 사람은 누구나 인지 편향이 있기 때문에 잘못된 판단을 할 가능성이 상존한다.

이러한 한계를 디지털트윈 기술이 해결할 수 있을까? 미래는 과거와 다르게 작동한다. 과거의 지식을 학습하는 것만으로는 부족하다. 실험이 필요하다. 그러나 현실적으로 시간, 공간, 비용 및 안전 등의 문제로 할 수 없거나 하기 어려운 실험이 너무 많다. 그렇다면 시뮬레이션 기술이 해결할 수 있을까? 시뮬레이션은 현실과 차이가 많아 신뢰성에 문제가 있음에 따라 크게 발전하지 못했다. 이에 따라 현실시스템을 디지털 전환(Digital Transformation)으로 디지털 쌍둥이를 만들고, 현실시스템과 연동하여 현실시스템만으로 해결할 수 없는 문제를 해결하기 위해 출현한 기술이 바로 '디지털트윈(Digital Twin)'이다.

2
디지털트윈이란 무엇인가?

디지털트윈은 물리적 자산, 프로세스 밑 시스템에 대한 디지털 복제본이다(Wiki사전). Digital Twin은 실제시스템(Physical System)과 연동되어 현실에서 할 수 없거나 실현하기 어려운 가상 실험이 가능한 '살아있는 디지털 시뮬레이션 모델'인 셈이다.

실제 시스템에서 확보된 현재와 과거의 빅데이터를 기계학습하는 AI 기술로는 미래 변화를 분석하거나 예측할 수 없다. 디지털트윈을 기반으로 미래 발생 가능한 시나리오를 가상 실험하면 현실 시스템에서 확보할 수 없는 빅데이터를 확보할 수 있다. 이렇게 확보된 빅데이터를 기반으로 디지털트윈 활용자의 What-if 질

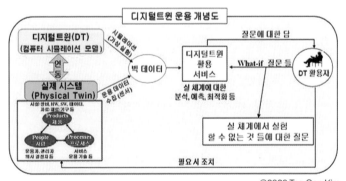

©2020 Tag Gon Kim

그림 2 **디지털 운용 개념도**

문에 대한 답을 구할 수 있다. What-if 질문들은 실재 체계에서 시간, 공간, 비용 및 안전 등의 제약으로 할 수 없거나 하기 어려운 것들이며, 디지털트윈은 디지털트윈을 기반으로 가상 실험하여 실재 체계에 대한 분석, 예측과 최적화를 통해 궁극적으로 최적의 판단과 결정을 하기 위해 운용하는 것이다.

디지털트윈이 기존 시뮬레이션 기술과 다른 점은 시스템 전체 라이프 사이클(Life Cycle)에 실제 시스템과 연동되어 함께 살아간다는 것과 실제 시스템과 일관성과 동질성이 보장되도록 만들어지고 유지할 수 있도록 학습, 진화되어야 한다는 점이다. 디지털트윈이 현실 시스템과 일관성과 동질성이 확보되지 않는다면 가상 실험의 의미가 반감되거나 하지 않은 것만 못할 수 있다. 시뮬레이션 기술을 일찍이 도입하여 활용하고 있는 국방 분야에서 현실과 잘 맞지 않기 때문에 무용론이 제기되는 이유이기도 하다.

우리가 사는 지구도 시스템이다. [그림 3]에서 보는 바와 같이 지구를 포함한 지구상의 수많은 시스템들은 자연환경을 기반으

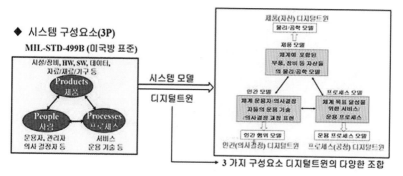

©2020 Tag Gon Kim

그림 3 **시스템 구성요소와 디지털트윈**

로 수많은 사람(People)과 사람이 만든 시설과 장비, HW, SW, 데이터, 자료과 재료, 기구 등의 수 많은 제품(Products)과 법제도, 서비스나 운용 기술 등의 프로세스(Processes), 3P가 유기적으로 상호작용하면서 움직이는 복합 시스템(System of Systems)이다.

디지털트윈은 시스템을 디지털로 가상화한 모델이며, 목적에 따라 사람, 제품, 프로세스 3가지 구성요소 디지털트윈의 다양한 조합으로 구성될 수 있다.

이러한 디지털트윈(모델)을 기반으로 가상 실험을 통해 시스템 공학적으로 접근하면 복잡하고 어려운 문제를 단순화할 수 있고,

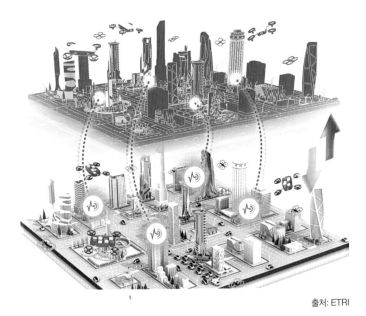

출처: ETRI

그림 4 **초(超)뷰카(VUCA) 시대** 미래의 디지털트윈 사회, 자율형도시모습.

새로운 시스템을 만들거나 미래 변화에 대한 분석/예측 및 최적화가 가능해져 문제의 최적해(最適解, optimal solution)를 쉽게 찾을 수 있다.

미래의 사회와 경제 환경은 변동적(Volatility)이고, 불확실(Uncertainty)하고, 복잡(Complexity)하고, 모호(Ambiguity)하여 예측이 어려운 초(超)뷰카(VUCA) 시대가 될 것이다. 과거에 축적된 빅데이터를 기계적으로 학습하는 인공지능(AI) 기술로는 대응하기 어렵고 AI의 한계를 극복할 수 있는 디지털트윈 기반의 가상실험은 반드시 필요하다. 질문에 답을 잘하는 정보나 지식을 넘어 살아가면서 부딪히는 다양하고 복잡한 문제들을 슬기롭게 해결할 수 있는 지혜가 필요한 시대이다. 따라서 디지털트윈은 인더스트리 5.0이 추구하는 비전을 달성할 수 있는 핵심기술이다.

3
디지털트윈은 왜 필요한가?

디지털트윈은 기존 시스템을 스마트화 하기 위한 것이다. 기존 실제 시스템에 디지털트윈 모델을 추가함으로써 실제 시스템만으로 해결할 수 없는 문제를 해결하거나 기존 서비스 품질을 향상시키는 것이 디지털트윈을 활용하는 목적이다.

스마트시스템은 [그림 6]에서 보는 바와 같이 기능 측면으로는 미국과학재단에서 정의하였다. 자동 감지, 자동 진단, 자동 교

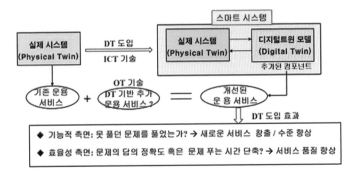

©2020 Tag Gon Kim

그림 5 **디지털트윈 도입 목적**

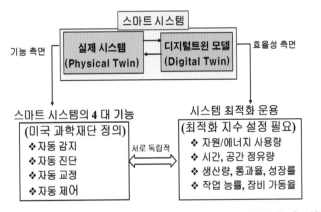

©2020 Tag Gon Kim

그림 6 **스마트 시스템**

정, 자동 제어 등 4대 기능이다. 효율성 측면에서는 시스템이 최적화 운용이 되어야 스마트 시스템이라 할 수 있다. 최적화는 제약조건(constrains)하에서 목적을 달성할 수 있도록 최적화 지수 설정이 필요하고, 최적화 지수가 최대값 또는 최소값이 되도록 운용되어야 한다. 예를 들어 자원, 에너지 사용량 최소화, 시간, 공

◆ 디지털트윈 역할 – 시스템 단독으로는 불 가능한 서비스 창출 수단

◆ 디지털트윈 활용 분야 – 분석, 예측, 최적화 대상 모든 시스템

- ❖ 산업 – 제조, 생산, 물류, 식물공장 등
- ❖ 공공 – 교통, 교육, 금융 등
- ❖ 의료 – 진단, 인공 장기, 가상 수술 등 ⎫ PT-DT의 다양한 형태의 연동 운용
- ❖ 재난 – 안전 점검, 피해 분석, 대피 훈련 등
- ❖ 국방 – 군사 훈련, 국방 분석, 장비 획득 등 ⎭

©2020 Tag Gon Kim

그림 7 **디지털트윈의 역할과 창출수단**

간 점유량 최소화, 생산량, 통과률, 성장률 최대화 또는 작업 능률이나 가동률을 최대화 되도록 운용해야 한다.

디지털트윈의 역할은 [그림 7]에서와 같이 실제 시스템 단독으로 불가능한 서비스 창출 수단이다. 디지털트윈을 도입하기 위해서 많은 노력과 비용이 소요되는 만큼 개선된 새로운 운용 서비스는 새로운 가치를 창출할 수 있어야 한다. 디지털트윈의 활용 분야는 분석, 예측, 최적화가 필요한 모든 시스템이다. 무엇을 행하기 전에 미리 분석해볼 수도 있고, 무엇을 했을 때 어떻게 되는지 예측도 가능하며, 원하는 결과를 얻기 위해 무엇을 어떻게 하는 것이 최적인지도 알 수 있다.

4
디지털트윈은 어떻게 구현하나?

디지털트윈은 현실 시스템의 운용 상태, 형상, 행위(기능) 3가지
가 디지털로 복제 되어야 한다. [그림 8]에서 보는 바와 같이 디
지털트윈은 대상 실 체계의 운용 데이터, 디지털 공간 정보 및
형상정보 모델, 객체들의 행위 모델로 구성, 표현된다.

우리가 늘 쓰고 있는 교통 네비게이션(네비)은 디지털트윈의
대표적 활용사례이다. 네비는 형상을 복제한 지리정보시스템
(GIS)을 기반으로 GPS 위치 데이터, 교통 동작과 행위를 표현한
교통 시뮬레이션 모델로 구성된다. 네비가 사람들에게 편리함을
제공하고 있는 반면에 역기능도 나타난다. 특히, 택시기사와 대
리기사분들이 스트레스를 많이 받는다. 네비대로 간다고, 네비

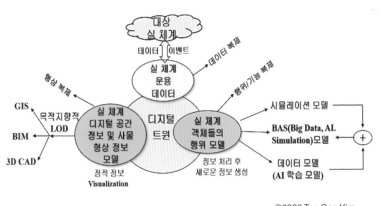

©2020 Tag Gon Kim

그림 8 **디지털트윈의 구성요소**

대로 안간다고 고객마다 다른 요구때문이다. 이는 공간정보의 문제가 아니라 최적 경로를 안내해주는 시뮬레이션 모델과 데이터의 정확도에 기인한다고 볼 수 있다. 공간정보가 중요한 만큼 데이터와 시뮬레이션 모델도 중요하다.

이와 같이 디지털트윈은 목적에 맞도록 3가지 요소를 조합하여 구현되어야 한다. 데이터는 IoT시스템으로 구현되며, 형상은 목적에 따라 GIS, BIM, CAD 등을 구현되고, 해상도는 목적에 따라 LOD(Level of Detail)가 달라지며 반드시 3D로 구현될 필요가 없다. 동작과 행위모델은 시뮬레이션 모델, 데이터 모델(AI학습 모델)이나 BAS 모델로 구현된다. BAS 모델은 시뮬레이션 모델과 데이터 모델의 구조적 한계를 해결하기 위해 시뮬레이션 모델과 데이터 모델을 상호 보완적으로 융합한 모델이다.

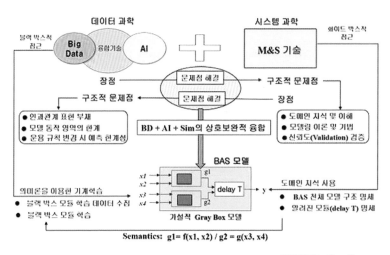

©2020 Tag Gon Kim

그림 9 **KAIST 김탁곤 교수와 한국디지털트윈연구소가 개발한 BAS 모델링 기술**

BAS 모델은 [그림 9]에서 보는 바와 같이 데이터 모델과 시뮬레이션 모델의 구조적 문제점을 극복하기 위해 KAIST 김탁곤 교수와 한국디지털트윈연구소가 개발한 모델링 기술이다. 이를 기반으로 데이터 서비스를 위한 IoT플랫폼, 형상정보서비스를 위한 형상정보플랫폼과 미래 변화 분석, 예측 및 최적화 서비스를 위한 BAS플랫폼을 통합하여 PoP(Platform of Platforms)를 구현하면 디지털트윈을 제대로 만들고 가상실험을 통해 문제를 슬기롭게 해결할 수 있는 지혜서비스를 제공할 수 있다.

5
한국의 디지털트윈 정책 제언

ChatGPT가 촉발한 생성형 AI 열풍은 엄청난 바람을 일으키고 있고, 정보와 지식의 보편화를 앞당기고 있다. 하지만 〈인더스트리 5.0〉을 대비하고 선도하기 위해서 우리는 정보화와 지식 시대를 넘어 '지혜의 시대'를 여는 신호탄으로 활용해야 한다. 디지털 전환의 가속화로 데이터는 폭증하고 정보와 지식은 넘쳐난다. 불필요한 정보를 접할 수 밖에 없는 환경 속에서 정보 과잉으로 쓸데없는 시간과 에너지가 소모되고 주의가 흐트러져 주체적 삶을 살아가기 어려운 상황이다. 또한 복제와 위변조가 용이한 디지털 특성으로 진짜와 가짜도 구분하기 힘들고 확산 속도도 순식간이라 자칫 혼란스러운 세상이 될 수도 있다.

ChatGPT와 같은 AI 중심 정책만으로는 선도 국가나 디지털 패권국가가 되기 어렵고, 디지털 혁신 정책이 성공할 수 없음을 의미한다. 그러면 우리는 어떻게 해야 할까? 질문과 학습으로 지성(知性)을 키우고, 목적을 명확히 하고 가상 실험을 통해 최적화하여 문제를 슬기롭게 해결할 수 있는 지혜(智慧) 서비스가 필요하다. 진짜 혁신이 필요하다. 남을 빠르게 따라가는 기존의 방식대로는 안된다. 지식보다 지혜다. 지혜는 문제를 슬기롭게 푸는 능력을 말한다. 지혜를 높이는 것이 정부가 지향하는 디지털패권국가와 맞닿아 있다. 이에, 몇가지 정책 방향을 제언한다.

첫째, 현안 문제 및 혁신 서비스 발굴이다. 초연결, 초지능, 초실감 기술 중심의 목적과 수단이 전도되는 접근이 아니라 목적을 달성을 위해 필요한 기술을 활용해야 한다. 해결해야 할 문제

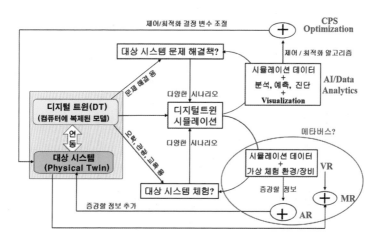

©2020 Tag Gon Kim

그림 10 **디지털트윈 융합 서비스**

와 서비스가 식별되면 기술은 문제가 되지 않는다. [그림 10]와 같이 디지털트윈 기반으로 시뮬레이션하고, 그 결과를 바탕으로 빅데이터/AI, 최적화/CPS, VR/AR/메타버스 기술을 융합하면 원하는 목적을 달성할 수 있다.

둘째, 디지털트윈플랫폼 구축 및 시범 적용이 필요하다. 해결해야 할 문제와 서비스가 정의되면 이를 개발 및 운영할 수 있는 디지털트윈 플랫폼을 구축하고 시범 적용을 통해 효과를 검증하여 확대 기반을 확보해야 한다. 디지털트윈플랫폼은 정보와 지식을 바탕으로 문제를 슬기롭게 해결할 수 있는 지혜 서비스까지 제공할 수 있어야 한다. 그렇게 되면 사람들마다 다른 생각으로 발생할 수밖에 없는 갈등이 분열과 대립이 아니라 발전적 동인으로 전환 가능하며, 격물치지성의정심(格物致知誠意正心) 수

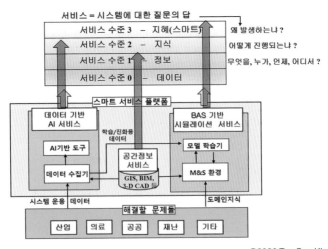

©2020 Tag Gon Kim

그림 11 **디지털트윈플랫폼과 서비스 수준**

신제가치국평천하(修身齊家治國平天下)를 실현할 수 있는 토대가 될 것이다.

셋째, 디지털플랫폼 생태계 조성 및 활성화다. 기술을 따라갈 때는 빨리 빨리하는 것이 우선이었지만 이제는 산업별 상생할 수 있는 건전한 생태계 조성이 필요하고 이를 뒷받침할 수 있도록 언제 어디서든지 공유, 소통 및 협업할 수 있는 디지털플랫폼 생태계 조성 및 활성화가 필요하다.

넷째, 공공정책 사전 검증 및 최적화 의무화 추진이다. 공공 정책을 시행하기 전에 디지털트윈 기반의 시스템 공학적으로 사전 검증하고 최적화하는 일을 의무화함으로써 시행 착오를 최소화하고 정쟁의 빌미를 없앨 수 있다.

다섯째, 디지털트윈 기반 시스템공학적 문제해결 전문가를 양성해야 한다. 세상이 복잡해지고 변화의 속도는 가속화되고 있어 분야별 전문가 보다는 시스템공학적으로 문제를 정의하고 해결할 수 있는 인력 양성이 시급하다. 아무리 혁신적인 제품(Products)을 개발했다 하더라도 이를 운용하는 사람(People)과 프로세스(Processes)가 조화롭게 변하지 않으면 또 다른 문제를 야기할 수 있다.

변화를 예측하기는 매우 어렵다. 우리가 함께 바라는 바를 이루면서 행복하고 성공하기 위해서는 변화를 쫓아가기 보다는 변하지 않는 진리를 탐구하고, 변하지 말아야 할 가치와 비전을 정하여 디지털트윈을 제대로 만들고 가상 실험을 통해 최적화

그림12 한국산업지능협회가 2023년 8월 디지털트윈 기술위원회 발대식을 가졌다.

해서 실행해 나가면 〈인더스트리 5.0〉을 선도할 수 있다.

AI기술이 촉발한 기술 중심의 4차 산업혁명(인더스트리 4.0)의 한계를 벗어나 함께 잘 살아가기 위해 경쟁보다는 협업, 정보와 지식을 넘어 지혜가 필요한 시대다.

참고 문헌

Adel (2022), A. Futu
European Commission 홈페이지,
  https://research-and-innovation.ec.europa.eu/research-area/industrial-research-and-
    innovation/industry-50_en#publications
KAIST KOOC 강좌, 시스템 모델링 시뮬레이션, https://kooc.kaist.ac.kr/isms1, 2019
KAIST KOOC 강좌, 디지털트윈, https://kooc.kaist.ac.kr/DigitalTwin/, 2021
유튜브 동영상, 수요포럼 (KISTEP:한국과학기술기획평가원) - 2020.12.9 "현실과
    소통하는 가상 세계, 디지털트윈발전 전략,"
https://www.youtube.com/watch?v=k-yi9wOk89U&feature=youtu.be
도메인 지식이 필요한 분야의 협동적 모델링 방법론:
http://smslab.kaist.ac.kr/paper/JF/JF-58.pdf
김탁곤, 시스템 모델링 시뮬레이션, 한티미디어, 2020
김탁곤 등, Theory of Modeling and Simulation, 2000, Academic Press

9

Cyber Safe Data Communication
정보보안 및 해킹과 컴퓨터 데이터 조작

양재수

단국대학교 전자전기공학부 교수이자 정보융합기술창업대학원 정보통신학과 주임교수. 경기정보산업협회장 및 한국정보통신설비학회 부회장. 1988년 뉴저지공과대학 전기 및 컴퓨터공학과 공학박사를 취득했다. 정보통신기술사(1996년), 기술고등고시(통신직,1980년)에 합격해 공직에 재직했으며, 이후 KT에서 주요 직책을 맡았다. 경기도청 정보화특별보좌관으로 활약했다. 방송・통신 인프라구축 및 IT월드컵 성공적 개최로 체육 포장(2002년), 대통령 표창장(2000년)을 받았다. 저서는 《정보융합기술과 기업가정신》(21세기사)외 100여 권을 출간했고, 논문은 〈영상감시장치 위변조 방지를 위한 검증 모듈의 암호화 키 생성 및 펌웨어 구현에 관한 연구〉 등 900여 편이 있다.

1

컴퓨터 네트워킹과 컴퓨터 보안의 이해

컴퓨터 보안

컴퓨터 네트워크(computer network)란 컴퓨터 간 정보 또는 데이터를 전달하기 위해 컴퓨터들을 서로 연결한 통신망을 일컫는다. 여러 곳의 PC들을 서로 연결하며 근거리에 제한된 지역의 컴퓨터들을 서로 연결한 통신망이 LAN(Local Area Network, 구내정보통신망)이다. 또 WAN(Wide Area Network)은 먼 거리 지점 간이거나 관리주체가 다른 LAN을 연결하는 데 이용된다. WAN은 지리적으로 사적 소유권이 미칠 수 없는 영역을 점유하는 문제가 있으므로, 통신망 사업자가 서비스를 제공한다. 인터넷(internet)은 세상에 존재하는 LAN을 연결해 놓은 거대한 네트워크이다. 인터넷은 네트워크의 네트워크이다. 두 개 이상의 컴퓨터 사이에 통신은 '통신규약'인 프로토콜(protocol)이 필요하다.

현대인은 AICBM(인공지능, 사물인터넷, 클라우드, 빅데이터, 모바일)의 시대에 살고 있다. 이런 융합기술은 미래 산업혁명의 핵심 기술이자 근간이다. 모든 기술의 기반은 컴퓨터 네트워킹 기술과 인터넷이다. 컴퓨터 네트워킹 파워의 관점에서 보면, 자율주행차, 드론, 인공지능로봇, 인공지능 알고리즘, 빅데이터 분석기술, 클라우드 서비스가 아무리 발달하더라도 인터넷을 통해 데이터를 전달하고 수집 불가하면 무용지물이고, 인터넷과 별도의 독립적인 기술로 보이는 사물인터넷이나 이동통신 기술조차도 인터넷 백본망(backbone network)에 전적으로 의존한다. 통신망과 단말기, 정보시스템, 데이터베이스(Data Base) 등의 요소에 보안 취약점과 해킹, 데이터의 위변조에 노출될 가능성이 있다.

컴퓨터 보안의 3원칙

컴퓨터 보안에 시스템 보안과 네트워크 보안, 그리고 SW보안 등 3대 보안이 있다(표1 참조).

표 1 **3대 보안의 구분과 보안 방안**

종류	정의	공격방법
시스템 보안	공격자의 허가되지 않는 불법적인 시스템 접근을 막아 시스템에 저장된 정보와 시스템의 정상적인 운용을 보호하는 활동	패스워드 크래킹, 백도어, 버퍼 오버플로우 등

네트워크 보안	일반적으로 근거리 전산망 즉, 랜의 조직 경계에서 블랙해커, 스크립트키드 등의 침입자로부터 근거리 전산망을 보호하는 기능 즉, 권한을 갖지 않은 사용자 혹은 네트워크가 자신의 네트워크로 불법 접속하여 자원에 접근하려고 할 때 네트워크 관리자가 사용하는 보안 방식	디도스 공격
SW개발보안	SW개발 과정에서 개발자의 실수, 논리적 오류 등으로 발생하는 보안. 취약점, 보안 약점들을 최소화하여 사이버 보안 위협에 대응할 수 있는 안전한 SW를 개발하는 활동	SQL Injection, 인증 및 세션 관리 취약점, 크로스 사이트 스크립팅 등

정보보안과 보안 대상 기술

- 정보의 수집, 가공, 저장, 검색, 송신, 수신 도중에 정보의 훼손, 변조, 유출 등을 방지하기 위한 관리·물리·기술적 방법
- 공급자 측면 : 내·외부 위협 요인으로부터 정보 자산을 안전하게 보호·운영하기 위한 행위(네트워크, 시스템 등의 H/W, 데이터베이스, 통신 및 전산 시설 등)
- 사용자 측면: 개인 정보 유출, 남용을 방지하기 위한 일련의 행위

표 2

구분		내용
물리적	물리적	침입자는 정보시스템이 설치된 건물이나 서버 또는 개인용 컴퓨터가 설치된 특정 장소에 침입이 가능하며, 침입에 성공하면 시스템 파괴, 부품 탈취와 같은 다양한 수단의 불법 행위 수행

	자연적	화재, 홍수, 지진, 번개 등의 자연 재해 취약
	환경적	먼지, 습도, 온도 등의 주변 환경 취약
관리적	인적·관리적	정보시스템을 사용하거나 관리하는 직원은 가장 취약한 요소로써, 관리자가 적절한 교육을 받지 않았거나 보안 의식이 부족한 경우 운영자 및 기타 직원들의 기밀정보 누설, 시설물 주요 출입구를 열어두는 등의 행동
기술적	하드웨어	하드웨어 오류나 오동작이 전체 정보시스템에 손상
	소프트웨어	소프트웨어의 오동작으로 보안을 취약하게 시스템을 불안정
	매체 취약점	자기디스크, 자기테이프, 출력물 등이 손실되거나 손상을 입음
	전자파	모든 전자장치는 전자파를 방출하기 때문에 도청자는 정보시스템, 네트워크, 모바일로부터 발생하는 신호를 가로챌 수 있음
	통신	컴퓨터가 네트워크나 모뎀 등에 연결된 경우, 인가받지 않은 사람이 침입할 위험성이 증가함

정보 보안의 목표

- CIA(Confidentiality, Integrity, Availability) 3대 요소
- 정보 및 정보 시스템이 허가되지 않은 접근·사용·공개·손상·변경·파괴 등으로부터 보호함으로써 정보의 기밀성, 무결성, 가용성을 보장

표 3

구분	내용
기밀성 (Confidentiality)	• 인가된 사용자에게만 정보 자산에 접근 허용 보장 – 프라이버시 이슈와 직접 연계 – 정보의 저장, 전송, 보관의 모든 프로세스 과정 보장
무결성 (Integrity)	• 비인가자에 의한 정보 변경 불허 – 정보의 생애주기 동안 일관성, 정확성 및 신뢰성 보장
가용성 (Abailability)	• 정보 접근과 사용 적시, 확실하게 보장 – 적절한 대역폭 제공과 병목현상 제거 – H/W와 S/W의 정상 가동 유지와 그에 필요한 업그레이드

그림 1 **정보 보안의 특성**

2

해킹의 종류와 해킹 프로세스

사이버 보안은 본질적으로 네트워크의 정보 보안이다. 넓은 의
미에서 네트워크 정보의 기밀성, 무결성, 가용성, 신뢰성 및 제어

가능성과 관련된 모든 관련 기술 및 이론이다. 네트워크 시스템의 정보 보안을 보장하는 것이 네트워크 보안의 목표이다. 정보 보안에는 정보 저장 보안과 정보 전송 보안의 두 가지 측면이 포함된다.

해킹(hacking)은 컴퓨터 네트워크의 취약한 보안망에 불법적으로 접근하거나 정보 시스템에 유해한 영향을 끼치는 행위이다. 정보를 빼내서 이익을 취하거나 파일을 없애버리거나 전산망을 마비시키는 악의적 행위에 의한 이런 파괴적 행위를 하는 자들을 크래커(cracker)로 부르며 해커와 구별하기도 한다.

해킹은 정보보안 분야에서 프로그램 원제작자가 걸어 놓은 프로그램 코드 락 알고리즘을 뚫어서 프로그램 소스를 알아내거나 프로그램 소스를 변경하여 자기 입맛에 맞게 바꾸는 모든 행위를 말한다. 네트워크 보안, 시스템 보안, DB 보안, SW보안, 개인정보보호의 항목을 통해 컴퓨터 시스템을 공격하거나 조작하는데 사용되는 다양한 기술과 공격 방법들이 있다.

네트워크 보안

- 도청 　 네트워크상에서 데이터를 가로채 엿듣는 공격으로 패킷 스니핑이나 중간자 공격(man-in-the-middle)을 통해 통신 내용을 탈취할 수 있다.
- 패킷 변조 　 데이터 패킷을 조작하여 정보를 변경하거나 악성 코드를 주입하는 공격으로 패킷 필터링 우회나 패킷 주입 등이

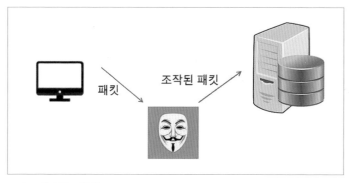

그림 2 **패킷 변조 형태**

상용될 수 있다.

- 디도스 공격 네트워크 리소스를 과부하시켜 서비스를 거부 상태로 만드는 공격으로 분산 디도스 공격이나 악용된 보안 취약점을 통한 디도스 공격 등이 있다.

시스템 보안

- 악성 코드 바이러스, 웜, 트로이 목마 등 악성 소프트웨어를 시스템에 침투시키는 공격이다. 이메일 첨부 파일, 악의적인 다운로드, 소프트웨어 취약점을 통한 침투 등이 있다.
- 악용된 권한 시스템 내부에서 권한을 악용하여 데이터를 도용하거나 시스템을 조작하는 공격으로 권한 상승, 트로이 목마, 버퍼 오버플로우 등이 있다.

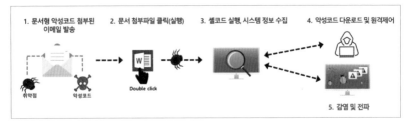

1. 문서형 악성코드 첨부된 이메일 발송
2. 문서 첨부파일 클릭(실행)
3. 셸코드 실행, 시스템 정보 수집
4. 악성코드 다운로드 및 원격제어

Double click

취약점   악성코드

5. 감염 및 전파

그림 3 **시스템 보안**

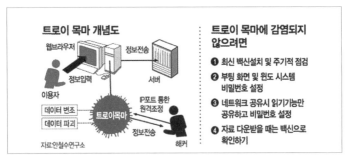

트로이 목마 개념도

웹브라우저   정보전송

정보입력   서버

이용자

데이터 변조   IP포트 통한 원격조정
데이터 파괴   트로이목마

정보전송

자료:안철수연구소   해커

트로이 목마에 감염되지 않으려면

❶ 최신 백신설치 및 주기적 점검

❷ 부팅 화면 및 윈도 시스템 비밀번호 설정

❸ 네트워크 공유시 읽기가능만 공유하고 비밀번호 설정

❹ 자료 다운받을 때는 백신으로 확인하기

그림 4 **트로이목마 개념도**

데이터베이스 보안

- SQL 인젝션 악의적인 SQL 코드를 삽입하여 데이터베이스 시스템에 대한 비인가된 액세스를 가능하게 하는 공격이다.
- 데이터 유출 데이터베이스로부터 민감한 정보를 탈취하거나 유출하는 공격으로 약한 접근 제어, 취약점을 이용한 데이터 베이스 공격 등이 있습니다.

소프트웨어 보안

● 취약점 악용　소프트웨어의 취약점을 이용하여 시스템에 침투하거나 조작하는 공격으로 버퍼 오버플로우, 해킹도구를 통한 악용이 있다.

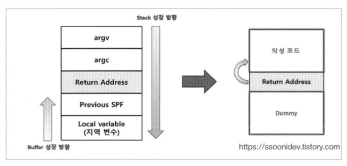

그림 5 **소프트웨어 보안**

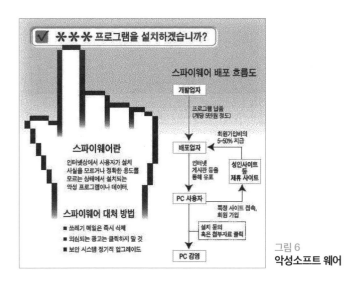

그림 6
악성소프트 웨어

- 악성 소프트웨어 악성 소프트웨어를 설치하여 시스템을 감염 시키거나 악의적인 동작을 수행하는 공격으로 트로이 목마, 웜, 스파이웨어 등이 있다.

개인정보 보호

- 피싱 사회 공학 기법을 사용하여 사람들의 개인정보를 탈취 하는 공격으로 위장된 이메일, 사이트 등을 통해 개인정보를 요구하는 형태이다.
- 정보 유출 개인정보를 누설하는 공격으로, 해킹, 데이터 유출 등이 해당된다.

위와 같은 방식으로 해킹을 통한 최근 해킹 동향을 살펴보면 아래와 같다.

① 금전적 목적에 의한 해킹 증가

② 유해정보 유포 및 확산경로가 다양화, 지능화

③ 인터넷 활성화에 비해 해외발 해킹 사고 증가

이러한 상황 속에서 정보보호를 위해 중요 정보에 대한 접근 통제 강화, 내부 직원 PC에 대한 해킹 대응, 침해사고 대응 체계 강화와 같은 여러 주요 사항을 고려해야 할 필요가 있다.

〈랜섬웨어〉

● 랜섬웨어 인식 방법

공격을 받으면 대부분의 경우 랜섬웨어는 화면에 랜섬 메시지를 표시하거나 영향을 받은 폴더에 텍스트 파일(메시지)을 추가하여 알려준다.

〈봇넷〉

봇넷은 스팸메일이나 악성코드 등을 전파하도록 하는 악성코드 봇(Bot)에 감염되어 해커가 마음대로 제어할 수 있는 좀비 PC들로 구성된 네트워크가 된다. 일단 봇에 감염되면 실제 PC 사용자들은 자신의 컴퓨터가 감염된 줄 모르는 경우가 많고, 해커는 수십에서 수만 대의 시스템에 명령을 전달해 특정 인터넷 사이트에 대량의 접속 신호를 보내 해당 사이트를 다운시키는 등의 방식으로 대규모 네트워크 공격을 수행한다. 보통은 바이러스, 트로이목마와 같은 악성코드를 통해서 개인정보가 유출되지만, 사용자들의 잘못된 습관이나 프로그램 문제로 개인정보가 유출될 수도 있다.

〈스파이웨어〉

스파이웨어는 정확하게 개인정보 유출보다는 개인정보 수집의 목적이다. 정보유출은 프로그램 제작자가 고의로 개인의 정보를 빼가기 위해서 악성코드를 제작하는 것이지만 개인정보 수집은 주로 광고에 활용하기 위해서 사용된다.

〈피싱〉

피싱(Phishing)은 개인정보(Private Data)와 낚시(Fishing)의 합성어로 해커들이 만든 용어이다. 사회공학적 방법 및 기술적 은닉기법을 이용해서 민감한 개인 정보, 금융계정 정보를 절도하는 신종 금융사기 수법.

피싱은 유명기관을 사칭한 위장 이메일을 불특정 다수 이메일 사용자에게 전송하고 위장된 홈페이지로 유인하여 인터넷상에서 신용카드번호, 사용자 아이디, 패스워드 등 개인의 금융정보를 획득하는 것이다.

〈스미싱(SMishing)〉

① 문자 피싱 ② 휴대폰 피싱 ③ 인스턴트 메시지 등

3

서버 해킹과 컴퓨터 데이터 조작

정보 해킹과 공격 유형

네트워크는 사용자나 데이터 간에 이동할 수 있도록 하는 기술인데, 이 컴퓨터 통신망을 통하여, 정보를 탈취하거나, 정보를 위변조하거나 통신망을 무력화하는 해킹이 일어나고 있다. 네트워크 보안이 필요한 이유이다. 네트워크 공격을 당하게 되면 보안의 3요소인 기밀성, 가용성, 무결성을 해치게 되어 네트워크 보안은 매우 중요한 과제이다.

IOS에서는 다양한 네트워크 간 호환을 위해 OSI 7 Layer라는 표준 네트워크 모델을 만들었고, 각 Layer 마다 지속적으로 보안 유지, 보수해야 한다. 특히 4 Layer(전송 계층)의 대표적인 프로토콜인 TCP는 수신 측이 데이터를 흘려버리지 않게 데이터 흐름 제어와 전송 중 에러가 발생하면 자동으로 재전송하는 에러 제어 기능을 하여 데이터의 확실한 전송을 보장하지만, 완전하지는 않아 많은 해커들에게 공격의 대상이 되기도 한다.

스니핑 공격

일반적으로 작동하는 IP 필터링과 MAC 주소 필터링을 수행하지 않고 랜 카드로 들어오는 전기적 신호를 모두 읽은 뒤 다른 이의 패킷을 관찰하여 정보를 유출하는 공격 방법이다. 공격자는 가지지 말아야 할 정보까지 모두 볼 수 있어야 하므로 랜 카드의 Promiscuous 모드를 이용해 데이터 링크 계층과 네트워크 계층(2~3 Layer)의 정보를 이용해 필터링을 해제한다.

스푸핑 공격

네트워크에서 스푸핑 대상은 MAC 주소, IP 주소, 포트 등 네트워크 통신과 관련된 모든 것이 될 수 있다. 스푸핑 공격은 시스템 권한 얻기, 암호화된 세션 복호화하기, 네트워크 트래픽 흐름 바꾸기 등 다양하게 사용된다.

세션 하이재킹 공격

세션 가로채기라는 뜻으로 세션은 사용자와 컴퓨터 또는 두 컴퓨터 간의 활성화된 상태이므로 세션 하이재킹은 두 시스템 간의 연결이 활성화된 상태, 즉 로그인된 상태를 가로채는 것이다.

① TCP 세션 하이재킹: TCP 고유한 취약점을 이용해 정상적인 접속을 뺏는 방법으로, 서버와 클라이언트에 각각 잘못된 시퀀스 넘버를 사용해서 연결된 세션에 잠시 혼란을 준 뒤 공격자가 끼어들어 가는 방식이다. ② 텔넷과 같은 취약한 프로토콜을 이용하지 않고 SSL과 같이 세션 인증 수준이 높은 프로토콜로 서버에 접속해야 한다. ③ 정보보호 구간별 취약점(Vulnerability) ④ 정보보호 구간별 취약점과 위협

[그림 6]은 통신과 방송에서의 정보보호 구간별 취약점을 구간별로 보여준다.

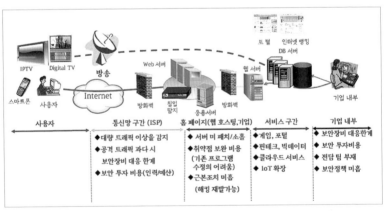

자료 및 그림제공 : 경기도청 정보통신담당관실

그림 7 **통신과 방송에서의 정보보호 구간별 취약점**

컴퓨터 데이터 조작은 가능한가?

전(前) IBM 임베디드(Embedded) CPU 설계자인 벤자민 월커슨 박사에 의하면, 아래와 같은 사유로 컴퓨터 조작이 얼마든지 가능하다고 한다. 다시 말해 아래와 같은 컴퓨터의 HW, SW, OS 설치와 내외부 통신망 연결로 충분히 조작이나 해킹이 가능하다고 주장한다. [그림 7]은 온-오프디지털 공직선거시스템의 위험 및 통제시스템을 보여 준다.

- Embedded CPU, Wireless Network, System On Chip(SoC)

- 임시 데이터저장 RAM, 명령어 ROM 메모리

- Input/Output 인터페이스, 다수의 외부 포트

- ARM Micro Computer, ARM 자이어링크 Programmable

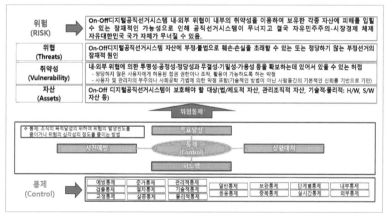

자료 : 박태희

그림 8 **온-오프디지털 공직선거시스템의 위험 및 통제시스템**

- ASIC 애플리케이션, Field Programmable Gate Array, Logic Gate, FirmWare 사용
- 순간순간 보드(Board) 교체 가능
- HDL(Hardware Discription Language) 메모리가 맞으면 변칙적 동작 허용 가능
- 프린트 운용장치 = 윈도우 10, 인켈코어, 64비트 운용체제, 8G 메모리 사용
- 보안카드 투입구 설치
- 특정 제품 활용 = ㅎㅌ시스템 → 컴퓨터 코드사용을 특정인에게 허용, HW기능을 SW기능으로 변환 사용 가능, 소스코드(Source Code) 공개 불허
- ㅎㅌ시스템은 보드를 분류기 바깥에 설치, SW를 넣을 수 있도록 바깥에 설치(Old Version 2014), New 버전은 이중으로 조작 가능
- 재부팅기능이 쉽게 노출, 버튼이 있음 → OS 즉, 오퍼레이팅 시스템 동작 가능토록 노출
- Programmable Program 운용으로 프로그램 바꿔치기 가능
- 초기정상 동작에서 → 도중에 프로그램 작동 중에도 순간적으로 교체 가능
  - 초기에는 정상동작, 특정한 조건의 이벤트 확인 시 재동작
- QR코드 받는 순간 바꿔치기도 가능
- 전 세계 어디에서든지 시스템에 접속, 중앙서버로 데이터 이전, 빅데이터 분석 가능

- 밤늦은 시간 등 보안 취약시간 활용, 지연 누적된 데이터를 순
  식간에 카운트 가능, 필요한 조작된 데이터 통계 표출 가능

자료: BEXUS Network Battle with Deep State 및 벤자민 월커슨 박사

한국전자전기기기 인증제품은 한편에서는 컴퓨터 조작을 인정 확정하는 의미이기도 하다고 주장한다. 2018년에 컴퓨터 사용인증기기를 받고, 최종 사용하는 사이에 조작이 가능하게 조치해 놓을 수도 있다. 이는 상식적인 내용이다. 컴퓨터 밀봉 속에 사전 SW 변경해 놓아도 일반인은 알 수 없다. 설치 후에도 외부와의 연결 인터페이스 USB 등을 통해 해킹, 조작이 가능하다는 것이다. 왜 USB 포트를 만들어 놓았을까?

사전투표 용지의 QR코드를 분석해서 나온 결과에 날짜, 지역, 선거인 수 일련번호 등 법에 정한 자료 이외의 자료가 나오면 이 또한 불법으로 볼 수 있다. 사전투표 용지의 QR코드에 유권자 개인 정보가 담겨 있다는 의혹이 제기되고 있는데, 이런 문제를 불식시키기 위해 관련기관에서 조사하면 깨끗이 해결될 것으로 보이는데 왜 시행하지 않을까? 민주주의의 선거는 비밀투표이다. 투표지에 투표자 개인의 정보는 들어가면 안 된다. 헌법 위반에 해당한다. 선거법은 "사전투표 용지에는 막대 모양의 바코드가 들어가야 한다"고 규정하고 있다.

벤자민 월커슨 박사의 "컴퓨터 조작 관련해 조사한 결과를 발표에 따르면, '20% 가량은 컴퓨터 에러(eRROR)가 생겨 재부팅했

다?, 이 시스템은 컴퓨터로써 사용 불가한 컴퓨터이다'라고 주장한다. '또 컴퓨터를 바깥에 설치했다. 의도는? 투표지 분류기가 외부 통신선과 연결됐다?' 등 이 모두가 해킹이나 컴퓨터 조작이 가능한 일련의 다양한 가능성을 말해주고 있다고 밝혔다.

컴퓨터 구성, 즉 Configuration은 통신망 상에서 껐다가 켰다가 마음대로 재작동이 가능한 Configuration Manager를 사용하여 기존 컴퓨터에 파티션을 만들고 포맷하고 새 운영체제를 설치한다. 또 상태 마이그레이션 지점을 사용하여 설정을 저장한 다음 새 OS로 복원할 수도 있다. 이 프로세스를 '이미지로 다시 설치' 또는 '초기화 및 로드'라고도 한다. 이 시나리오에서는 PXE, 부팅 가능한 미디어 또는 소프트웨어 센터와 같은 여러 다양한 배포 방법 중에서 선택할 수 있다.

부팅은 Windows PE 환경에서 컴퓨터를 시작한다. Windows PE는 제한된 구성 요소 및 서비스를 포함하는 최소 OS이다. 그런 다음 Windows PE에서 Configuration Manager가 컴퓨터에 전체 Windows OS를 설치할 수 있다. 또 멀티캐스트를 사용하여 네트워크를 통해 윈도우가 배포 가능하다. 멀티캐스트는 여러 클라이언트가 동시에 동일한 OS 이미지를 다운로드할 가능성이 있는 경우, 사용할 수 있는 네트워크 활용 방법이라 할 수 있다. 멀티캐스트를 사용하는 경우 여러 컴퓨터가 동시에 OS 이미지를 다운로드한다. 이는 배포 지점에서 OS 이미지를 멀티캐스트하기 때문이다.

ARM 기반의 7 Zip 프로그램(App)이라도 실행하면 에러가 뜨면서 실행이 되지 않는다. 토렌트의 경우 MS 스토어에서 다운받은 프로그램(App)들은 백그라운드로 돌리면 토렌트 다운로드가 일시 중지돼 버린다. 물론 창을 나누어 한쪽 편에서 계속 프로그램(App)을 실행시키면 다운로드가 일시 중지되지 않지만, 불편한 부분이 있다. 이 경우, FDM(Free Download Manager) ARM 기반의 프로그램(App)을 이용하면 백그라운드에서 토렌트 다운로드가 정지되지 않고 지속적으로 받을 수 있다. 위와 같이 MS스토어를 통하지 않고 프로그램, 즉 App을 받고 실행시키기 위해서는 먼저 MS에서 못하게 막아 놓은 부분을 탈옥(Jailbreak)하는 작업이 필요하다. 탈옥하면 아이폰 같이 용이하게 가능하다.

출처: https://jaebok.tistory.com/55 [발자취]

그리고 월터 미베인(Mebane) 미시간대 교수의 결과보고서, 즉 비례투표 분석(2020.05.12.)과 그동안 서울대 박ㅇㅎ 교수와 카이스트 이ㅂㅌ 교수가 문제를 제기했다. 이에 따르면, "잘못된 데이터를 사용함으로써 부정선거 결과가 과장, 왜곡되었을 가능성(이른바 garbage in, garbage out 문제)을 해결하기 위해, 서울대 박○○ 교수가 보다 완전한 데이터를 가지고 분석을 한 결과"를 내놓고 있다. 이 내용의 핵심은 컴퓨터를 공부한 사람은 누구나 알다시피 컴퓨터의 내적, 외적 컴퓨터 조작 가능성을 충분히 제시하고 있다.

일본 와세다대 준교수의 "정훈 페이스북 2020.05.16.'에 의하면, '비례투표에서는 통계모형 상 감지된 그러한 조작의 흔적이

지역구 투표에 비해 상대적으로 낮았지만, 그렇다고 없었던 것은 아니다'라는 주장과 함께, '통계적 분석 이후에는 반드시 추가적인 정보수집과 조사가 이루어져야 할 것이다. 왜냐하면 통계적 분석 결과만으로는 선거에서 실제로 무슨 일이 일어났는지에 대한 '결정적 증거(definitive evidence)'로 작용할 수 없기 때문이다."라는 전문가적인 의견을 제시하고 있다.

전 세계적으로 총선 등 사전투표 개표 조작 데이터 분석 연구로 지구촌에서 노벨상 수상자가 나올까? 진정한 지유민주주의 꽃은 미국에도, 대한민국에도, 영국 등 유럽 등지에서도 꽃 피워지지 않을까? 더 나아가, 은행이나 사회 SOC 인프라를 비롯하여, 공정하고, 깨끗하고, 투명한 선거가 온전히 치러질 수 있도록 위·변조 없는 디지털 선거 시스템과 상호 디지털 모니터링이 가능한 감시시스템으로 부정선거를 막아 내는 것도 보안 전문가들이 해야 할 중요한 과제라 할 수 있을 것이다.

참고 문헌

William Stallings, Lawrie Brown, "Computer Security Principles and Practice", Pearson, 번역 한명묵, 류연승, 신민호, 한승철, 황성운 공역
양재수, 이동학, 김성태, "정보융합기술과 기업가정신", 21세기, Sept., 2021
남성엽, 강민구, 양재수, 안병구, 김호원, "사물인터넷 개론", 상학당 Sept., 2015
이영교, 장화식, 김영철, "정보보안 개론", 신화전산기획, 2013

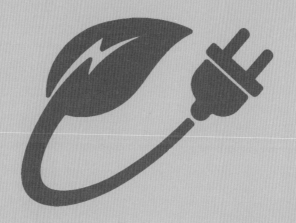

10

Energy
탄소중립형 에너지 대전환과 우리의 대응

박진호

한국에너지공과대학교(KENTECH) 연구부총장 겸 켄텍연구원장, 영남대학교 화학공학부
교수 겸 산학연구처장, 산업통상자원R&D전략기획단 에너지산업 MD, 지식경제R&D 태
양광 PD. 1992년 University of Florida에서 화학공학 전공으로 박사 학위를 받았다.
반도체 분야 기업 경력과 교육 및 연구 경험을 통해 신재생에너지를 포함하는 다양한 에
너지분야 관련 지식을 습득했고, 이를 바탕으로 기술과 교육 관련 12권의 전문 서적을 집
필했고 신문, 잡지 등에 많은 기명 칼럼을 기고했다. 국제에너지기구 태양광발전분과 한
국대표, 세계공학한림원 에너지위원회 위원장, 국가에너지위원회 위원 등을 거치면서 글
로벌 에너지 대전환 정책 관련 활동도 활발히 전개하였다. 한국공학한림원 정회원으로서,
2018년 과학기술훈장 도약장을 수훈하였다.

1
불타는 세계의 자본주의

하버드 경영대학의 레베카 헨더슨(Rebecca Henderson) 교수는 최근 'Reimagining Capitalism in a World on Fire, 불타는 세계 속에서 자본주의를 다시 그려 보다'란 저서에서 21세기를 'VUCA의 시대'로 정의했다. V(변동성, Volatility), U(불확실성, Uncertainty), C(복잡성, Complexity), A(모호성, Ambiguity) 즉, VUCA가 21세기를 대표하는 개념이 될 것으로 본 것이다. 또한 현재 인류가 직면하고 있는 3대 문제로서 '엄청난 규모의 환경 파괴, 경제적 불평등 그리고 기존 제도의 붕괴'를 들었다. 이와 함께 '식량부족, 에너지 고갈과 지구온난화, 그리고 환경오염'은 점점 더 심각해질 것으로 전망했다.

지구는 지금 기후변화로 심각한 몸살을 앓고 있다. 점점 강도와 빈도가 심해지는 태풍과 홍수, 가뭄과 대형 산불, 그리고 북극의 얼음이 녹아 북극곰이 익사할 지경이라는 뉴스를 접하는 시대에 우리는 살고 있는 것이다. 최근 40년 사이 남극 빙하의 변화를 보면 너무나도 확연하게 빙하가 사라지고 있음을 실제로 관측할 수 있기도 하다. 영화로 유명해진 타이태닉호(Titanic 號)의 비극은 영국에서 미국으로 가던 여객선이 빙산에 부딪혀 침몰하면서 생긴 사고인데, 아이러니하게도 우리가 지금 타이태닉호의 경로를 그대로 따라 여행하더라고 사고가 나지 않을 것이라는 이야기다. 이 모든 것이 인간이 만들어낸 온실가스에 의한 기후변화가 초래한 일들이라는 것에 있어 이제 더 이상 과학적 논란은 없다. 그럼 과연 지구의 평균기온이 얼마나 올랐는데 이런 일이 일어나는 것일까?

우리는 이제 아주 근본적인 질문에 답을 해야 한다. "과연 인류는 지속성장 가능할 수 있을 것인가?" 하는 것이다. 탄소중립은 이제 더 이상 늦출 수 없는 인류 생존과 공영의 문제가 되었다. 과학기술이 이를 해결하기 위한 핵심적 역할을 해야 한다.

2
기후변화, 에너지의 냉혹함

지구는 태양으로부터 거의 일정하게 연평균 약 340W/m²의 에너지 플럭스를 받고 있다. 다음 [그림 1]은 가장 최근에 발표된 IPCC(Intergovernmental Panel on Climate Change, 기후변화에 관한 정부 간 협의체)

제6차 보고서의 내용과 2013년에 발간된 제5차 보고서의 내용을 비교한 것으로서, 인간의 산업활동이 시작하던 때(1850~1900년)와 비교했을 때 지표면의 평균기온이 1.09℃ 만큼 증가했고 8년 전인 2013년과 비교해도 약 0.31℃ 만큼 증가했음을 알 수 있다. 지구온난화의 주범 중 하나인 이산화탄소의 농도도 410ppm 으로서 이는 지구의 자정 효과에 의해 관리가 가능한 수준인 350ppm을 크게 초과하고 있음을 알 수 있다. 350ppm의 이산화탄소 농도는 1987년경 기록한 것으로 알려져 있고, 그 후 약 35년 동안 지속적으로 증가하는 중이다.

지금 우리가 목도하고 있는 자연재해는 지표면 평균기온이 섭씨 약 1도 정도 증가 후, 나타나는 현상으로서 지구 온도가 2도 이상 올라갈 때 어떤 재해가 찾아올지는 상상이 어려울 정도이

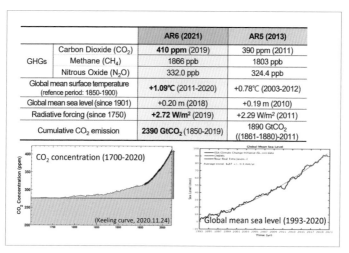

그림 1 **관찰에 의한 변화추이** "관찰에 의한 변화추이," 제6차 IPCC 분석보고서의 주요 메시지, 권원태, 다산컨퍼런스, 2022.

다. IPCC 제6차 보고서의 결론에 언급된 내용을 보면 우리 인류가 빨리 대응해야 한다는 분명한 메시지를 알 수 있다. "기후변화가 인류의 안녕 및 지구의 건강에 큰 위협임은 누적된 과학적 증거로 볼 때 명확하다. 일치된 국제적 행동이 늦춰질 경우, 우리는 살기 좋은 미래를 보장할 방안들을 조만간 잃게 될 것이다."

기후변화 대응을 위한 국제사회의 노력이 없었던 것은 아니다. 1992년 브라질의 리우데자네이루에서 세계의 리더들이 모여 유엔기후변화협약(UNFCCC, United Nations Framework Convention on Climate Change)을 체결하였다. 이행조치로 당사국총회(COP, Conference of the Parties)를 개최하기로 하였고, '지속가능한 개발(SDG, Sustainable Development)'이라는 리우선언*을 함으로써 국제 사회가 기후변화 대응에 있어 공동의 노력을 하기로 하였다. 이후 1997년에 열린 3차 당사국총회(COP3)에서는 감축 의무화와 청정개발체제(Clean Development Mechanism)에 합의하는 이른바 '교토의정서'를 채택했다.

기후변화 대응에 있어 국제적으로 큰 획을 그은 사례는 2015년에 있었던 COP21에서의 '파리협정(Paris Agreement)'이다. 파리협정에서는 국가별로 자발적 감축목표(Intended Nationally Determined Contribution, INDC)를 제시하고 의무 감축에 합의한 것으로, 현재 세계는 큰 틀에서 파리협정을 이행하는 단계에 있다. 이러한 국

• 리우회의(선언): 1992년 6월 3일부터 14일까지 브라질의 리우데자네이루에서 '지구를 건강하게, 미래를 풍요롭게'라는 슬로건으로 지구 정상회담이 개최됐다. 각국 정상들은 이 회의에서 악화되어 가는 지구환경을 지키기 위해 지속 가능한 개발 및 지구 동반자 관계(Global Partnership)를 형성하기로 약속하였다. 리우회의의 결과 당사국총회(COP)가 조직되고 지금까지 매년 열리고 있다.

제사회의 노력에도 불구하고 온실가스는 계속 증가하고 있어, 적극적인 노력을 요구하는 목소리 또한 커지고 있다. 초등학생 때 등교 거부 운동을 시작한 스웨덴의 환경운동가 Greta Thunberg 는 16살의 나이인 2019년에 유엔 기후 행동 서밋에서 연설하는데, 세계 지도자들의 면전에서 크게 꾸짖는 연설을 하면서 기후변화 대응에 대한 세계 지도자들의 보다 적극적인 행동을 촉구한 바 있다.

"... This is all wrong... How dare you? You have stolen my dreams in my childhood with your empty words. Yet I am one of the lucky ones. People are suffering. People are dying. Entire ecosystems are collapsing. We are in the beginning of a mass extinction, and all you can talk about is money and fairytales of eternal economic growth. How dare you?..."

..이건 정말 다 잘못되어 있어요. 어떻게 감히 그럴 수 있나요? 여러분의 공허한 말 때문에 어린 시절의 내 꿈들은 모두 사라졌어요. 그나마 나는 운이 좋은 사람 중 하나예요. 사람들이 고통받고 있어요. 사람들이 죽어가고 있어요. 전 생태계가 무너지고 있어요. 우리는 지금 대량 멸종의 시작점에 있어요. 그런데 아직도 당신들은 그저 돈, 그리고 영원한 경제 성장이라는 동화 같은 얘기만 하고 있어요. 어떻게 감히 그럴 수 있나요?

[Greta Thunberg의 유엔 기후행동 서밋 연설의 일부]

인간이 하는 거의 모든 활동에서 온실가스는 지금도 배출되고 있다. 전기를 만드는 발전 부문과 제품을 만드는 산업부문에서

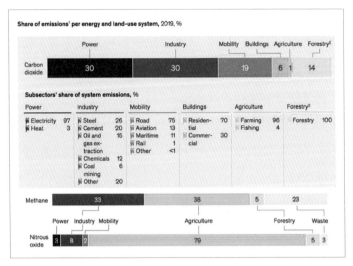

Share of emissions¹ per energy and land-use system, 2019, %

	Power	Industry	Mobility	Buildings	Agriculture	Forestry²
Carbon dioxide	30	30	19	6	1	14

Subsectors' share of system emissions, %

Power		Industry		Mobility		Buildings		Agriculture		Forestry²	
Electricity	97	Steel	26	Road	75	Residential	70	Farming	96	Forestry	100
Heat	3	Cement	20	Aviation	13	Commercial	30	Fishing	4		
		Oil and gas extraction	15	Maritime	11						
		Chemicals	12	Rail	1						
		Coal mining	6	Other	<1						
		Other	20								

Methane	33	38	5	23

	Power	Industry	Mobility	Agriculture	Forestry	Waste
Nitrous oxide	3	8	2	79	5	3

그림 2 **넷제로 전환** 얼마나 비용이 들고 무엇을 창출할 수 있는지, "맥킨지, 2022.

에너지를 제일 많이 소비하고 있으며 또한 이 두 부문에서 60% 이상의 이산화탄소를 배출하고 있다. 에너지 소비와 온실가스 배출은 상호 밀접한 관계가 있어 에너지 소비에 비례하여 온실가스가 배출되는 것이다. 에너지를 화석연료로부터 얻는 과정에서 화석연료의 연소 때 온실가스가 배출되기 때문이다. 기후변화의 대응에 있어 에너지 부문의 대전환이 요구되는 이유라 하겠다. 한편 우리가 먹는 식량에 관련된 농업 부문에서는 메탄가스와 아산화질소가 최대로 배출되고 있다.

탄소중립*은 우리가 먹는 음식과 입는 옷, 쓰는 제품, 그리고

• 탄소중립: 6대 온실가스 중 이산화탄소(CO2) 배출량에 관한 부분만을 일컫는다. 이산화탄소 배출량을 상쇄할 정도의 이산화탄소 흡수 대책을 세우거나, 탄소배출권을 구매하는 등의 활동을 통해 탄소중립을 실현한다는 의미이다. 넷제로는 온실가스의 순배출을 제로화하고, 산림 조성 등을 통해 흡수량을 늘리는 활동을 포함한다. 둘은 유사하고 밀접한 의미를 지녀 함께 사용되곤 하나, 넷제로는 탄소중립에 비해 넓은 범위의 배출 저감 및 실질적인 기후행동을 요구한다.

사용하는 에너지 등 모든 부문에서 상상을 초월할 정도의 대전환을 요구하고 있다. 국제에너지기구의 분석보고서4)에 의하면, 새로 지어지고 있는 설비들과 기존 시설들의 수명을 고려할 때 향후 50년간(2070년까지) 세계 온실가스의 누적량은 최대 7,500억 톤에 다다를 것으로 전망되며 전력 부문, 산업 부문, 수송 부문과 건물 부문의 순으로 많을 것으로 전망된다. 따라서 탄소중립을 논하는 데 있어 앞으로 지어질 설비 내용도 함께 기존에 이미 존재하는 온실가스 배출 시설들을 과연 어떻게 할 것인가에 대한 대책도 필요하다고 하겠다.

우리나라는 GDP 순위가 세계 10위권으로 에너지 소비와 이산화탄소 배출은 약 7위에 위치하는 온실가스 다배출 국가이다. 그러나 세계 총량(2019년 기준 연간 약 350억 톤 배출)과 비교하면 2018년에 최고치 7억 2,760만 톤 배출을 기준으로 할 때 세계 총량의 1.5~2% 정도의 수준임을 알 수 있다. 우리나라에서 에너지의 생산 및 소비와 관련한 온실가스 배출 비중은 무려 87%에 이르고 있어 한국에서의 에너지 부문 대전환은 탄소중립의 달성에 있어 필수불가결한 문제라 하겠다. 우리나라는 또한 에너지 자립도도 매우 낮아 1차 에너지의 약 93% 정도를 수입에 의존하고 있으며 에너지 수입액이 국가 총수입액의 30% 가까이 되는 국가이다. 한국에서의 탄소중립은 따라서 여러 가지 복합적 의미를 갖는 과제라 하겠다.

3

에너지 도전_한국은 '고립된 섬'

한국을 비롯한 세계 140여 개 국가가 대부분 2050년, 중국은 2060년, 인도는 2070년을 목표연도로 하는 탄소중립 계획을 선언했다. 이는 단순한 선언의 차원을 초월하며 구체적인 정부정책과 투자의 형태로 나타나고 있다. EU는 탄소국경조정제도, 일명 CBAM(Carbon Border Adjustment Mechanism)을 도입하고, 2030년까지 재생에너지 비율 40% 이상 확보, 내연차 판매를 2035년부터 중지하는 등 관련 제도를 도입하고 있다. 또 EU Green Deal을 통해 1조 유로에 이르는 대규모 투자를 병행 중이다. 청정에너지로의 투자를 권장하는 투자 가이드라인인 EU Taxonomy도 결정한 바 있다. 미국은 청정에너지혁명 선언과 함께 2035년까지 발전 부문의 완전한 탈탄소화를 목표로 1.7조 달러의 투자계획을 발표한 바 있으며, 최근 발표된 인프라법(IIJA, Infrastructure Investment and Jobs Act)과 인플레이션감축법(IRA, Inflation Reduction Act)의 대부분을 2050 탄소중립을 향한 기후변화 대응과 에너지 전환에 집중하고 있다. 독일과 일본, 중국 등도 이에 있어 예외는 아니며 매우 공격적인 탄소중립 계획 발표와 시행에 나서고 있다. 우리나라도 2050년 탄소중립을 선언하였다. 2030 NDC 감축 목표를 2018년 최대치를 기준으로 2030년까지 기존의 26.3% 감축 계획을 크게 상향하여 40%로 확정하였고, 2021년 영국 글래스고에서 열린 COP26에서 발표하는 등 국제사회의 움직임에 동참하고 있다. 특히 14개 국가와 함께 탄소중립을 법제화한 최초의 국가 중 하나이다. 이제 탄소중립은 더 이상 늦출 수 없는, 인류 생존과 공영의 문제로서 이러한 탄소중립을 향한 움직임은 보다 강화되고 확대될 전망이다.

한가지 짚고 넘어갈 문제는 탄소중립을 적극적으로 선도하고 있는 국가들은 대부분 OECD 가입 선진국들로서 주요 국가들이 이미 온실가스 배출 감소 추세에 있으나, 한국과 중국 및 인도는 온실가스 배출이 지속적으로 상승하는 과정에 있다는 점이다. 2021년 4월에 열린 기후정상회의에서 '공동의 그러나 차별적 책임(Common But Differentiated Responsibilities, CBDR) 원칙' 즉, 모든 당사국이 지구환경을 악화시킨 것에 대한 공통된 책임을 져야 한다는 공동의 책임과 각 국가의 다른 상황을 감안하여 서로 다른 책임을 부여한다는 차별적 책임을 함께 내포하는 원칙이 결정되었다. 그러나 글로벌 각국은 경쟁적으로 2030년 온실가스 배출량 감축 목표를 상향하고 이에 상응하는 무역 규제를 신설하는 형태로 나타나고 있다. 위에 언급한 CBAM을 포함하여 플라

그림 3 **미-중 무역갈등**

스틱세, 내연기관차 규제, 세제 혜택(미국의 IRA 등), 역내 생산 강화 (REPowerEU 등) 등이다.

한편, 최근 심화돼 온 미-중 무역 갈등은 미-중 영역을 벗어나 미국, EU, 일본 등 여러 나라가 동참하는 새로운 형태로 발전하여 국제 공급사슬을 재편하는 움직임으로 확대되고 있고, 이는 우크라이나 전쟁을 계기로 신냉전의 형태로 전개되고 있다. 러시아산 화석연료에 크게 의존해 왔던 유럽은 에너지 수급이 매우 불안정한 상황을 맞이하게 되었고, 그 여파는 국제 석유와 가스 등 에너지 가격의 급등으로 나타나는 등 큰 혼란을 초래하였다. 국제 에너지 수급의 급변은 우리나라에도 전가되어 국내 전기생산 비용이 가파르게 상승하였고 한전의 적자 경영이 사회적으로 큰 이슈가 되기도 했다. 에너지 안보는 이제 각국의 정책에 있어 가장 중요한 이슈로 급부상 중이다. 이러한 국제 지정학적 변화와 이에 따른 글로벌 에너지 시장의 불안정성은 갈수록 악화될 것이라는 전망이다. '에너지 공급 불안'과 '에너지 안보 위기'가 새롭게 부각 되면서 탄소중립을 위한 세계적 노력을 더 어렵게 하거나 심지어 방향을 후퇴시킨다는 우려도 나오기 시작했다. 탄소중립을 향한 글로벌 에너지 대전환에 있어 꼭 짚고 넘어가야 할 점은 각국이 자국산업 육성의 기회와 글로벌 공급망 재편의 기회로 삼는다는 것이다. EU의 CBAM과 EU Taxonomy, REPowerEU가 그 대표적인 예이고, 미국의 IRA법과 IIJA법이 또한 대표적인 예이다.

민간부문의 자발적인 운동인 RE100*도 점차 확대 중이다. 기업이 사용하는 전력의 100%를 재생 전력으로 감당한다는 것으로, 410개 이상의 글로벌 기업들이 동참하고 있고 국내에서도 삼성전자와 현대차, SK와 LG 등 주요 대기업들이 앞다투어 RE100을 선언하고(총 34개 기업) 실행에 옮기는 중이다. RE100 또한 우리에게는 새로운 형태의 무역장벽이 되기 시작했다. 이러한 움직임들은 에너지 다소비형 주력 산업군을 보유하고 있고 국가 경제에 있어 수출의존도가 매우 큰 우리나라의 입장에서는 모두 풀기 어려운 숙제들이어서 신속하고 슬기로운 대책이 필요한 상황이다.

현재 한국의 현실은 어떤가? 우리나라는 에너지 측면에서는 '고립된 섬'이다. 작은 영토에 높은 인구밀도의 세계 경제 10위권의 국가로서 에너지의 소비가 매우 큰 국가이다. 또 지정학적 환경이 매우 복잡하여 에너지 안보가 국가 경제에서 차지하는 비중이 매우 큰 국가이기도 하다.

대한민국은 한국전쟁 이후 폐허로부터 다시 일어난 국가로서, 전후 가장 시급했던 경공업으로 시작하여 이후 중후장대(重厚長大, 무겁고, 두껍고, 길고, 큰 것을 다루는 산업)한 중화학공업으로 한강의 기적을 이루어내면서, 중앙집중식 고효율 에너지 자원이 필수였다. 원자력발전은 원자력(핵)의 평화적 이용 방법 중 하나이다. 에너지 밀도가 매우 높고 상대적으로 수입의존도가 낮은 매

• RE100: RE100은 재생에너지 전기(Renewable Electricity) 100%의 약자로 기업 활동에 필요한 전력의 100%를 태양광과 풍력 등 재생에너지를 이용해 생산된 전기로 사용하겠다는 자발적인 글로벌 캠페인입니다. RE100은 탄소정보공개프로젝트(CDP, Carbon Disclosure Project)와 파트너십을 맺은 다국적 비영리기구인 '더 클라이밋 그룹(The Climate Group)' 주도로 2014년에 시작되었다.

우 효율적인 에너지로서 한국의 산업발전에 있어 중요한 역할을 맡아 왔다. 1980년대의 반도체산업과 1990년대의 정보통신 산업의 육성에 핵심적인 에너지 자원이 되었다. 하지만 일본 후쿠시마의 원전 폭발 사고 이후 제기된 원자력의 안전성에 대한 우려, 고준위 핵폐기물의 처리에 대한 대안 등이 아직도 해결되고 있지 않아, 숙제도 많이 안고 있는 에너지원이다. 한국이 놓인 지정학적 환경과 수출 중심의 경제, 그리고 에너지 안보 및 국가 안보를 감안할 때 원자력은 우리가 꼭 같이 가지고 가야 할 중요한 준국산 에너지(원자력 연료인 농축우라늄은 연료비가 총비용의 10%도 안 됨)라 할만하다. 또한 무탄소 에너지로서 원자력과 재생에너지는 향후 탄소중립으로의 여정에 있어 반드시 공존을 모색해야 하는 모두 중요한 에너지원이다.

우리 경제의 지속 가능한 성장을 위해서라도 탄소중립으로 가는 여정은 이제 늦출 수 없고, 에너지 다소비 부문인 산업 부문의 탈탄소화도 매우 중요한 입장이다. 국내 온실가스 배출량의 50% 이상이 산업 부문으로부터 나오는 까닭이다. 지난 수년간 GDP 대비하여 에너지 소비와 온실가스 배출량이 다소 감소 추세에 있기는 하지만, 아직도 그 속도는 매우 느린 상태이다. 또 아직도 석탄, 석유, 가스 등 화석연료가 차지하는 비중이 70%가 넘으며 신재생에너지는 4% 정도밖에 되지 않는 실정에 있다. 궁극적인 에너지 안보는 에너지의 독립으로부터 가능한 것인데 쉽지 않은 게 현실이다. 지금은 탄소중립과 함께 에너지 안보와 자국 산업 보호를 모두 고려하는 에너지 정책을 준비해야 하는 때이다. 국내적 이슈로서 재생에너지와 원자력을 중심으로 하는 한국형 최적 탈탄소 에너지믹스의 구현, 이에 필요한 에너지 인 프라 구축 및 테스트베드화(시험대), 안보, 경제, 환경의 조화와 균 형 추구, 에너지 산업의 주력 산업화 추진 등이 있다. 글로벌 이 슈로는 국제 정치, 무역 환경에의 선제적 대응, 국제 공급사슬에 서의 핵심 위치 선점, G5국가로의 도약과 이에 합당한 국제사회 에서의 책임 감당, 초격차 핵심 기술 개발 및 조기 산업화, 글로 벌 탈탄소 시장 선점 및 이에 따른 국부 창출 등이 있다.

4

에너지 주도권, '자원보유국→기술보유국'

지속발전 가능한 인류를 위해 UN은 지구 평균온도 상승을 1.5도 로 억제해야 하고, 국제에너지기구는 2050년까지 탄소중립을 달성해야 한다고 역설하고 있다. 탄소중립은 또 탄소국경조정제 도(자국보다 이산화탄소 배출이 많은 국가에서 생산·수입되는 제품에 대해 부과하 는 관세)와 같은 형태로 새로운 무역 질서를 만들고 있다. 우리나 라도 2050년 넷제로*에 동참하기로 했고, 2018년 대비 2030년 탄소 배출량을 40% 이상 감축하기로 하였다. 에너지 다소비 국 가, 제조업 기반이 높은 대한민국에게는 매우 버거운 목표이다.

● 넷제로(Net-Zero): 넷제로는 '기후중립'과 같은 뜻이다. 지난 1997년 12월 교토의정서에서 규정 한 6대 온실가스(이산화탄소, 메탄, 아산화질소, 수소불화탄소, 과불화탄소, 육불화황)의 배출량(+) 과 흡수량(-)을 같도록 해 순(Net) 배출을 '0'(Zero)으로 만드는 것을 뜻한다.

탄소중립으로 가는 길에 뾰족한 지름길이나 한 방으로 모든 타깃(target)을 맞추는 만능의 은탄환(Silver Bullet) 같은 건 없다. 탄소중립은 크게 구분할 때 4가지 방법 즉, 'OECD'로 가능하다. 에너지 생산과 소비의 효율성을 극대화하여 소비량을 줄이는 'O'의 Optimize, 최종에너지 소비의 약 20% 정도만 현재 담당하고 있는 전기에너지의 사용을 보다 확대하여 화석 연료에 크게 의존하고 있는 열과 연료를 전기화하고 그에 필요한 전기는 탈탄소 전기로 공급하는 'E'의 Electrify, 그럼에도 어쩔 수 없이 발생하는 온실가스는 포집하여 저장하거나 유용한 물질로 변환시키는 'C'의 Capture, 이어 온실가스를 아예 배출하지 않는 새로운 제품이나 공정을 구현하는 'D'의 Decarbonize가 그것들이다. 이러한 노력은 현재 진행 중이며, 앞으로도 개발과 상용화가 지속적으로 추진되어야 하는 탄소중립에 있어 '핵심 필라'들이라 하겠다.

탄소중립은 이미 전 세계 산업구조를 바꾸기 시작했다. 화석 연료에 기반한 운송 수단은 곧 퇴출 예정이다. 유럽의 여러 나라에서는 내연기관 자동차의 판매를 법으로 금지할 예정이고 전기자동차가 등장함에 따라 Tesla, CATL과 같은 새로운 기업들이 부상했으며 배터리업체가 주목받고 있다. 앞으로는 선박, 기차, 비행기 등도 탄소배출이 없는 운송 수단으로 대체될 전망이다. 마차로 붐비던 1900년 미국 맨하튼의 거리가 13년 만에 내연기관 자동차로 급격히 대체되었던 경험을 우리는 기억하고 있다. 내연기관이라는 기술혁신이 세상을 급격히 바꿔놓았듯이, 앞으로 탄소중립이 세상을 다시 한번 급격히 바꿔놓을 것이다. 지금 세계는 OECD 네 가지 필라를 중심으로 넷제로 전쟁을 치르는 중이다. 춘추전국 시대와 같은 상태로 과연 어떤 기술이 승리할지 모른다. 승리할 기술을 개발하는 나라가 미래를 지배하게 될 것이다. 화석연료를 사용하는 기존 발전은 탄소 감축 기술의 적용을 통해 이산화탄소 배출을 없애거나 크게 줄여야 한다. 무탄소 에너지 기술에서는 재생에너지, 수소에너지, 핵에너지가 치열한 경쟁을 하고 있다. 또 각 에너지원 안에서도 구체적인 기술에 있어 치열한 기술 경쟁이 진행 중이다. 간헐성이 있는 재생에너지는 에너지 저장장치와 함께 연계되어 개발되어야 하고, 최종적으로는 탈탄소화된 전기에너지가 주로 쓰이게 될 것이다. 또 전기에너지는 스마트 그리드, 에너지 운영 기술 등의 발전으로 보다 효율적으로 사용되게 될 것이다.

최근 맥킨지가 탄소중립을 위해 세계가 부담해야 할 투자 규모를 추정해 본 적이 있는데, 2030년까지 매년 최소 3.5조 달러 즉, 약 4경 원 이상의 투자 증가가 필요하며 2050년까지는 누적으로 세계 GDP의 7.6%에 이르는 투자(약 275조 달러)가 필요할 것으로 전망했다. 상상을 초월하는 규모의 글로벌 시장이 우리 앞에 다가오고 있다. 에너지 가격의 상승이나 공급 불안, 그리고 기존자산의 좌초 자산화(한국 석탄화력발전은 2030년 무렵부터 경제성을 잃어 사실상 좌초 자산화하는 현상이 시작될 것이라는 한국과 영국 민간연구기관 공동보고서가 나왔다. 좌초자산이란 시장환경 변화로 자산가치가 떨어져 상각(償却)되거나 부채로 전환되는 자산을 말함)에 대한 우려 등이 위기로 다가올 수는 있겠으나 탄소중립으로의 대전환은 이제 거스를 수 없고 오히려 그 과정에서 새로운 많은 기회를 여러 영역(제품이나 공정의 개선, 제품이나 공정의 근본적인 대체, 탈탄소화를 돕는 새로운 제조업과 서비스업을 포함하는 비즈니스 영역 등)에서 찾아 나갈 것이라는 전망이다.

실제로 이러한 에너지전환 관련 투자는 현실로 나타나고 있다. 2022년 한해 청정에너지 분야에 대한 투자만 약 1.7조 달러 즉, 약 2경 원 이상의 투자가 이루어졌고, 이는 대부분 기존의 중앙집중형 에너지 시스템을 분산형 에너지 시스템으로 바꾸는 재생에너지, 그리고 분산형 에너지를 수용하기 위한 새로운 전력망 등의 에너지 인프라, 그리고 에너지 산업을 디지털화하고 수송 분야를 전기화하는 곳에 집중되어 있음을 알 수 있다.

이와 함께 이제 글로벌 에너지 주도권이 '자원보유국에서 기술 보유국'으로 발 빠르게 이동하고 있음도 잘 알 수 있다. 우리

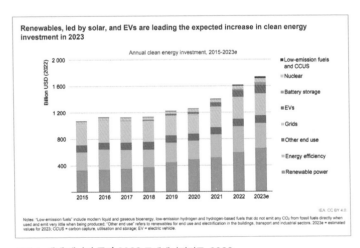

그림 4 **세계 에너지 투자 2023** 국제에너지기구, 2023.

에게는 '탄소중립이 또한 큰 기회로 다가오고 있음'을 가늠할 수 있는 대목이기도 하다.

탄소중립으로의 대전환에 있어 우리가 해결해야 하는 과제는 단기과제와 중장기과제로 구분하여 볼 수 있다. 먼저 단기적으로는 에너지 효율의 증진과 소비 저감, 태양광, 풍력 등 재생에너지의 확대, 히트펌프 등 열에너지의 전기화, 전기차 등 수송분야의 전기화 확대, 그리고 이를 수용하기 위한 전력망의 근대화가 필요할 것이다. 또한 이들을 생산과 소비단에서 총체적으로 연결하고 최적화하는 에너지 클라우드의 구축, 그리고 열, 전기 및 연료 등 3대 에너지원들이 상호 자유롭게 변환되고 연동되는 '섹터 커플링'● 등에 의해 고도화될 것이다. 한편, 중장기적으로는 소형모듈형원자로(SMR, Small Modular Reactor), 핵융합 등 새로운 탈탄소 전력원의 개발, 수소환원제철 등 탈탄소가 어려운 산업부문의 탈탄소화, 이산화탄소 포집 및 활용 등이 필요할 것이고, 궁극적으로는 기존의 '만들고 쓰고 버리는 선형경제(Linear Economy)'를 탈피하여 '버리지 않고 다시 쓰는 순환경제(Circular Economy)'로 바꾸기 위한 다양한 기술들(자원순환기술, 폐기물의 에너지화, 화이트 바이오 등)이 개발되어야 할 것이다.

수소는 탄소중립을 구현함에 있어 큰 역할을 할 수 있을 것으

● 섹터 커플링(Sector Coupling): 에너지 섹터 간의 긴밀한 연계를 통해 전체적인 에너지 사용의 효율성을 높이며 운영의 안정성에 기여할 수 있는 제반 기술을 뜻한다. 에너지 시스템 간 연계 및 에너지의 통합적 관리를 통한 효율화는 오랫동안 연구되어 온 주제이다. 최근 재조명을 받기 시작한 것은 재생에너지의 급속한 보급에 따른 변동성의 증가에 기인한다. 섹터 커플링이라는 용어는 전력계통의 안정성과 탄소저감을 위한 주요 솔루션으로, 2013년 IEW (International Energy Workshop)에서 재생에너지의 과도생산 시 섹터 커플링 적용 비교를 통해 효율성을 제시하며 사용되기 시작했다.

로 전망된다. 이른바 '탄소경제'로부터 '수소경제'로의 이동을 통해 지속 가능한 넷제로 사회가 가능해질 것이다. 탄소중립 구현을 위한 네 가지 핵심 필라와 수소는 서로 밀접한 관련이 있다. 먼저 'O'의 Optimize와 관련하여 수소 기반의 섹터 커플링을 통해 전기, 열 및 연료가 수소를 매개체로 상호 커플링 될 수 있고, 이는 에너지 소비 절감과 부하 변동에 대한 유연한 대응 및 최적화를 가능하게 한다. 'E'의 Electrify에 관련하여서는 수소를 사용함으로써 태양광, 풍력 등이 원천적 간헐성과 변동성 극복 및 연료전지 및 수소터빈을 사용한 수소 발전도 가능하다. 또 수소전기차, 수소선박, 수소열차 등 수송 분야의 탈탄소화도 가능하다. 'C'의 Capture와 관해서도 포집된 탄소들과 수소를 반응시켜 유용한 원료나 연료로 바꿀 수 있다. 끝으로 'D'의 Decarbonize와 관해서는 이산화탄소 배출이 없는 수소환원제철과 같은 신공정의 개발을 통해 산업공정의 탈탄소화도 가능하다. 이렇듯 수소경제는 우리가 지향해야 하는 탄소중립형 사회를 앞당기는 데 일조할 수 있을 것으로 전망된다.

5

탄소중립과 에너지 전환의 과제

탄소중립으로의 전환과 이에 수반되는 에너지 대전환은 우리에게 기회로 다가올 것이다. 과거에는 자원이 많은 나라가 강국이

었지만 미래는 기술을 보유한 나라가 강국이 될 것이다. 탄소중립형 에너지 대전환 시대에서 기회를 잡아 에너지 강국으로 도약하기 위해서는 기술혁신을 이룰 인재와 기술이 필요하다. 대한민국에서도 기술혁신을 이룰 고급 연구자와 창업가들이 많이 나와야 한다. 에너지 개념을 도입한 James Prescott Joule, 증기기관을 발명한 James Watt, 내연기관을 발명한 Nicolaus Otto, 전기를 발명한 Thomas Edison, 교류 전기를 발명한 Nicola Tesla와 전기자동차를 세계적으로 확대한 Elon Musk 등과 같은 혁신가들이 나와야 한다.

또 정부는 에너지 및 자원 산업을 이제 국가 주력산업으로 육성해야 하고 탄소중립을 담대한 산업 전환의 기회로 삼는 정책적 지원을 확대해야 한다. 투자는 현세대가 하고 과실은 후세대가 거둔다는 정신으로 다가가야 한다. 현재 탄소중립형 에너지 전환에 장애가 되는 에너지 관련 각종 제도를 개혁하고 불필요한 규제는 풀어야 한다. 에너지 산업의 디지털화와 에너지 빅데이터의 과감한 개방 및 이를 통한 스타트업들의 육성도 크게 장려해야 할 것이다. 공학과 기술이 가장 근본적인 해법으로 이 모든 영역의 중심에 자리해야 한다.

참고 문헌

Rebecca Henderson, "Reimagining Capitalism in a World on Fire," Harvard Business School, 2020.

권원태, "Changes from Observations," Key Messages of IPCC AR6 and Climate Security, DASAN Conference, 2022.

"The net-zero transition. What it would cost, what it could bring," McKinsey & Company, www.mckinsey.com, 2022.

"Energy Technology Perspectives 2020," International Energy Agency (IEA), 2020.

"World Energy Investment 2023," International Energy Agency (IEA), 2023.